中国烹调技法

中餐篇

周忠亭 钱峰 张涛 主编

高清大图 详尽技法讲解

中国商业出版社

图书在版编目（CIP）数据

中国烹调技法. 中餐篇 / 周忠亭, 钱峰, 张涛主编. -- 北京 : 中国商业出版社, 2023.12

ISBN 978-7-5208-2845-1

Ⅰ. ①中… Ⅱ. ①周… ②钱… ③张… Ⅲ. ①中式菜肴—烹饪 Ⅳ. ①TS972.117

中国国家版本馆CIP数据核字(2023)第246950号

责任编辑：李 飞

（策划编辑：蔡 凯）

中国商业出版社出版发行

（www.zgsycb.com 100053 北京广安门内报国寺1号）

总编室：010-63180647 编辑室：010-83114579

发行部：010-83120835/8286

新华书店经销

无锡延嘉创意快印有限公司印刷

*

850毫米×1168毫米 16开 30印张 300千字

2023年12月第1版 2023年12月第1次印刷

定价（全三册）：600.00元

* * * *

（如有印装质量问题可更换）

序

泱泱中华，有着五千多年文明史，从古至今，就以“烹饪王国”之美誉著称于世。中国烹饪在人类历史和现实生活中占有重要的地位，现已走向五大洲、三大洋，成为世界烹饪家园中一个重要的角色。中国烹饪这颗明珠在世界浩瀚的文化宝库中璀璨耀人，光惠众生，普照千秋。

很荣幸也很高兴阅读了《中国烹调技法》之佳作，感慨良多，受益匪浅，并受邀为本书作“序”深感荣幸，如有不足之处，诚望读者海涵！

中国烹饪历史悠久，技艺精湛，经过数千年的发展，当今的中国菜肴不仅是精美食品，在一定意义上也是一种特殊的艺术品。中国烹调是一门科学、一种艺术，是中华民族宝贵文化遗产中一项重要的组成部分。

中华民族几千年在烹调与饮食生活中，经过反复实践总结出来烹调工艺和技术要求，本书又进一步全面、细致、精准、科学地提升了中国烹调菜肴的技艺，从制定菜名到选料，再到烹调技法的确定，以至刀工、配菜、上浆挂糊、滑油、调味、火候、勾芡、成菜直到装盘堪称完美。

《中国烹调技法》充实和彰显了中国菜选料讲究、烹调技法多样、菜肴品种丰富、口味丰富多彩、精于运用火候、讲究盛装器皿的特点。此书是教科书之典范，是烹调走向机器人操作和标准化实施的灯塔。

烹饪不但是一门综合艺术，是人类生存发展的物质源泉。烹饪也是一种大文化，因为烹饪饮食和地理、历史、物产、种族、习俗以及社会科学、自然科学等各个方面都有关联。《中国烹调技法》就是通过烹饪着手来研究人类社会经济与文明，以及专业技能与发展。

《中国烹调技法》书籍充分体现了中国烹饪的博大精深，彰显了作者对中国烹调技术掌握之炉火纯青和对弘扬中国烹饪事业的虔诚与敬业。书中言之有物，图文并茂，理论联系实际，对从事餐饮业同行们有着一定的借鉴和指导意义。

《中国烹调技法》的作者周忠亭、钱峰、张涛三位老师，他们从一名心怀匠心魂的厨师经过多年的淬炼铸就成为匠人，本书也是他们与中成伟业多位老师用匠心心血和汗水浇铸而成的。真可谓“历览《中国烹调技法》书之出版，人间万事出艰辛”。

值此，我对中国餐饮烹饪行业爱岗敬业的企业家，还有在一线工作的大师、名师与精英的献身敬业精神产生敬意，愿隆重地将《中国烹调技法》这本书推荐给大家，希望大家喜欢它，同时共分享。

中国饭店协会资深会长：韩　明

元老级国家注册中国烹饪大师：赵嘉祥

天津烹饪协会首席专家/南开大学副教授：张景双

扬州大学教授、中国烹任协会副会长：周晓燕

二〇二三年十一月

前 言

中国饮食文化源远流长、博大精深，依附着中国传统文化的发展，随着时间逐渐演变形成了中国独有的文化形式。中国饮食文化几千年的传承，造就了自己独特的烹饪技术。

中国饮食文化是一种广视野、深层次、多角度、高品位的悠久区域文化；是中华各族人民在几千年的生产和生活实践中，在食源开发、食具研制、食品调理、营养保健和饮食审美等方面创造、积累并影响周边国家和世界的物质财富及精神财富。

为了让中华饮食文化广为传播及传承，我们特结合我们自身经验及研究成果，对中国的烹调技法进行了分析总结，同时涵盖了菜品烹调的概念讲述、工艺流程、操作要求等，并附有菜品鉴赏、菜品姿造、原理讲解、发展演变等内容，为中国餐饮人对于烹调技法的培训提供教科书，打造菜品烹调技法的标准化。

《中国烹调技法（中餐篇）》主要是从加热工艺、调味工艺、辅助工艺三个方面对中餐烹调进行了深度解析。《中国烹调技法（热菜篇）》全面细致的介绍了各种热菜烹调技法与相关菜品的特点及制作工艺、流程。《中国烹调技法（冷菜篇）》从冷菜的概念和要求、冷菜的制作、冷菜装盘技艺等三个方面进行分析讲解。

我们通过历年来的工作研究和实践经验，编著了《中国烹调技法》这套书籍，希望带给餐饮同行朋友们一些借鉴和参考，让中国的烹调技术形成标准规范，永久流传。

同时感谢中国饭店协会资深会长韩明会长、元老级国家注册中国烹饪大师赵嘉祥先生、扬州大学教授/中国烹饪协会副会长周晓燕先生、天津烹饪协会首席专家/南开大学副教授张景双先生、元老级国家注册中国烹饪大师王献立先生、中国饭店协会名厨委主席石万荣先生、江苏餐饮行业协会会长于学荣先生、新东方烹饪学校徐伟校长，还有此书编写过程中提供建议和帮助的大师名师以及精英们的关心与支持，对他们致以诚挚的谢意和崇高的敬意。

目录 CONTENTS

项目1
ITEM ONE
加热工艺

Heating Craftsmanship

任务一 加热对食物的影响

Technique

TASK 1

一、烹的概念和发展

加热工艺是烹饪工艺中最重要的手段，烹即是对食物原料加热，使之成熟。由于加热离不开火，因此，烹起源于火的利用。烹与调有机结合，形成了我国极具特色的烹调技艺。因此说烹调是研究如何通过恰当地控制温度（用火）、合理的调味、科学的烹制方法，把加工整理、切配成形的食物原料，烹调成符合营养卫生、美观可口的菜肴，并使原料得到合理使用。烹调是一门具有一定艺术性和科学性的技术学科。食物通过加热，为人类提供了健康安全的膳食，保障了饮食卫生，也提供了富有营养的膳食，强身健体，同时还提供了色香味美的膳食，推动了人类饮食文明的进步。

1.萌芽时期

在新石器时代，食物原料多系渔猎的水鲜和野兽，间有驯化的禽畜、采集的草果及试种的五谷；调味品主要是粗盐；炊具是陶制的鼎、甑、鬲、釜、罐和地灶、砖灶、石灶；燃料仍系柴草；还有粗制的钵、碗、盘、盆作为食具，烹调方法是火炙、石燔与水煮、汽蒸等，食物的加热方式较为简单，也较为粗放。

在夏商周时期，系中国烹饪发展史上的“初潮”。它在许多方面都有突破，对后世影响深远。烹调原料显著增加，习惯于以“五”命名，如“五谷”（稻、黍、稷、麦、豆）、“五菜”（葵、藿、薤、葱、韭）、“五畜”（牛、羊、猪、犬、鸡）、“五果”（枣、李、栗、杏、桃）、“五味”（酸、甜、苦、辣、咸）和“五香”（花椒、八角、桂皮、丁香、茴香子）之类；炊饮器皿革新，轻薄精巧的青铜食具登上了烹饪舞台，加热方式出现了较大变化，出现了烘、烤、烧、煮、爆、蒸等烹调方法。

春秋战国时期，食源进一步扩大，不仅家畜野味共登盘餐，蔬果五谷俱列食谱，而且注意水产资源的开发，在南方的许多地区，鱼虾龟蚌与猪狗牛羊同处于重要的位置，这是前所未有的；炊具出现了铁制器皿，较之青铜炊具更为先进，为油烹法的问世准备了条件。与此同时，动物性油脂和调味品，也日渐增多，花椒、生姜、桂皮、小蒜运用普遍，菜肴制法和味型也有新的变化，并且出现了简单的冷饮制品和蜜渍、油炸点心等。食物的加热方式日渐成熟，并形成了多种形式。

▲ 中餐烹调

2.形成时期

在烹饪原料方面，在先秦五谷、五畜、五菜、五果、五味的基础上，汉魏六朝的食料进一步得到扩充。张骞通西域后，相继从阿拉伯等地引进了茄子、大蒜、西瓜、黄瓜、扁豆、刀豆等蔬菜品种，增加了素食的品种。特别重要的是，从西域引进芝麻后，人们学会了用它榨油，从此，植物油便登上中国烹饪原料的大舞台，促使油烹法的诞生。

在烹饪用具方面，铁器取代了铜器，并已逐步向轻薄小巧的方向发展。

在烹调方法方面，汉魏时期出现了两次厨务大分工，首先是红、白两案的分工，接着是炉与案的分工。这有利于厨师集中精力专攻一行，提高技术。在烹调技法上，也比先秦精细，已广泛应用油炸法、油煎法等。

烹饪理论方面，这一时期可以说是由“术”到“学”的飞跃阶段，已经开始把烹调技术作为专门学问而加以研究。这一时期出现了很多关于烹调技术的著述，如西晋何曾的《安平公食学》、北齐谢讽的《食经》、南北朝时虞棕的《食珍录》等书，都是世界上最早的有关烹调技术的著述。

3.发展时期

此阶段先后经历过隋、唐、五代十国、北宋、辽、西夏、南宋、金、元等20多个朝代，是中国烹饪发展史上的第二个高潮。

在烹饪原料方面，从西域和南洋引进的品种更多，同时国内食物资源也进一步开发，尤其是海产品用量激增。

炊饮器皿方面向小巧、轻薄、实用的方向发展。

从燃料看，这时较多使用煤炭，部分地区还使用天然气和石油；有了耐烧的“金刚炭”（焦煤）、类似蜂窝煤的“黑太阳”，以及相当于火柴的“火寸”。

在烹调技法方面，隋唐宋元的突出成就是工艺菜式（包括食雕冷拼和造型大菜）的勃兴。这一时期加工工艺开始变得精细，出现了刻刀技术和炒、爆等技术，菜点品种显著增多，宴席华贵丰盛，菜肴外型美观更为世人所重视。餐饮市场繁荣，风味菜点相继问世。

烹饪理论方面，又出现了一批颇有价值的食谱。如“药王”孙思邈的《千金要方·食治》、孟诜的《食疗本草》、元代饮膳太医忽思慧的《饮膳正要》等。

▲ 中餐烹调

4.繁荣时期

此阶段是指明清时期，这一阶段政局稳定，经济上升，物资充裕，饮食文化发达，是中国烹饪史上第三个高潮，硕果累累。

烹饪原料随着中外文化的交流，使食源更为充沛，从陆产到水产，各种原料无所不用。烹调方法空前增多，工艺规程日益规范，菜点质量更上一层楼。

筵席发展到明清，已日趋成熟。餐室富丽堂皇，环境雅致舒适；筵席设计注重套路、气势和命名；各式全席脱颖而出，制作工艺美轮美奂；少数民族酒筵发展，显现出不同的民族礼俗。特别是以“满汉全席”为标志的超级大宴活跃在南北，中国饮膳结出硕大的花蕾，达到了古代社会的最高水平，获得“烹饪王国”的美誉。

饮食市场已向专业化、集约化发展，同时全国各地的烹饪体系已经形成，各种风味流派蓬勃发展。

▲ 蛋酥

烹饪原料在加热过程中，会产生多种物理与化学反应。

二、加热对烹饪原料的作用

烹饪原料在加热过程中，会产生多种物理与化学反应。研究这些变化，对恰当地掌握火候，最大限度地保持食物中的营养成分，制成色、香、味、形俱佳的菜肴，具有指导意义。

1.分散作用

分散作用包括吸水、膨胀、分裂和溶解等。例如，各种蔬菜和水果都含有一定数量的植物胶素，在加热过程中胶素会软化，与水混合成胶液，在加热中细胞膜破裂，营养素与水溢出，所以蔬菜加热后出现汤汁，而且汤汁中含有很丰富的营养，不宜弃去，应尽量食用。我们还可以利用果品中富含的胶素，加入适量的水进行加热，制成各种果酱和果冻。又如，各种薯类原料中含有大量的淀粉，它不溶于水，但在高温中能吸水膨胀，使淀粉粒的各层分离而成糊状。

2.水解作用

烹饪原料在水中加热时，很多成分会水解，使汤汁鲜美，如肉类中的蛋白质，在水中加热后能分解成各种氨基酸，肉类结缔组织中的弹性蛋白质会被分解为吸水较强的动物胶，这种动物胶在加热时会成为胶体溶液，冷却后变成固体的胶冻，如皮冻就是弹性蛋白质水解的产物，也是水解作用的结果。同时，随着生胶质的水解，原料纤维便分离，使肉呈柔软酥烂状态。

3.凝固作用

在加热过程中，含有水溶性蛋白质多的烹饪原料容易产生变性，温度越高变性越快，加热时间越长凝固得越硬。此外，在烹制菜肴过程中有电解质存在时，蛋白质的凝结会更加迅速。如食盐也是一种电解质，人们往往在烧煮大豆、牛肉或需要浓白汤时，都是最后放入食盐。否则，会使原料中的蛋白质过早凝固，而难溶于汤水中，影响菜肴的酥烂和汤汁的浓度。当然，在烹制菜肴过程中要根据具体情况灵活掌握放食盐时间。

4.酯化作用

含脂肪多的烹饪原料与水一起加热时，一部分水解为脂肪酸和甘油，如放入黄酒和香醋，就会化合成有芳香气味的酯类，酯类比脂肪容易挥发，香味诱人。所以，在烹饪动物性原料时加入一些黄酒、香醋，能使菜肴更加香醇。

5.氧化作用

动植物原料所含有的各种维生素在与空气接触时容易被氧化破坏，在加热过程中或遇到酸、碱等情况下会加快氧化速度，使维生素受到破坏，所以，烹制含维生素的原料时，尽量不要放碱或苏打等物质，并且加热的时间也不宜过长。

6.其他作用

烹饪原料在加热时，除了上述几种主要变化外，还会发生其他作用。例如，虾蟹煮熟后变红色，这是虾蟹中的虾红素的缘故；又如，鸡蛋加热时间过长，表面往往会呈现一层暗绿色，这是由于蛋黄中的铁质与蛋白中的硫元素结合，而产生硫化铁所造成的。

三、加热对烹饪原料的影响

在烹调过程中的火候、辅助原料及加热方法对烹饪原料都有影响，具体分述如下。

1.用油作辅助原料

用油作辅助原料，是因油的沸点较高，烹饪原料表面会受高温，迅速地干燥收缩，凝结一层薄膜使外部变得酥脆，而内部水分不易溢出，所以呈外脆里嫩状态，且有干香气味。

2.用水作辅助原料

在加热过程中，用水作辅助原料，可以用旺火、中火或小火，烹饪原料的蛋白质、脂肪、维生素、矿物质等营养都会有一部分溶解在汤汁中使汤汁变得鲜美，汤汁不可去掉，否则营养将损失较多。这里还应该特别注意，蔬菜类在以水为传热媒介时，必须在水沸后再将蔬菜下锅，因为蔬菜通过加热后，对维生素C有较强的破坏作用，如果蔬菜在沸水时下锅，可以减少加热时间，减轻加热对维生素C的分解作用。

3.蒸对烹饪原料的影响

蒸的方法主要用旺火，它的特点是可使菜肴柔软鲜嫩，保持原料形态的完整。同时，蒸笼内水汽与原料的水分处于饱和，原料中的水分不易蒸发，营养成分损失较少。但蒸也有缺点，调味品不易渗透到原料内部去，也就是不易入味，因此蒸的菜肴往往在加热前或加热后还要进行调味。

4.烘、烤对烹饪原料的影响

用烘、烤的烹调方法，火力必须均匀，它的特点是可使烹饪原料外部干香，内部鲜嫩。烘、烤使烹饪原料在干燥的热空气中受热，原料表面水分急速蒸发，内部浆汁溢出，原料表面的营养素即凝成薄膜，这种薄膜能够阻止原料内部水分向外散发，这就是烘、烤制品外干里嫩的道理。如果是封闭的炉灶，水分蒸发较慢，溢出的浆汁也不易凝固在原料表面，会一滴一滴地落在烤炉内，营养素损失较敞开烘烤为多，另外，泥烤是一种间接烘烤的方式，因为原料用泥层密封，不直接接触火焰，只是慢慢地外烤内焖使烹饪原料成熟。泥烤时，水分不易蒸发，所以口味特别鲜嫩，营养成分损失较小。

▲ 中餐烹调

▲ 中餐烹调

Raw material

TASK 1

一、火力

火力指烹饪中火的大小或温度的高低。火力随炉灶的结构、燃料的性质以及气候的变化有所不同。在加热过程中，火力有旺火、中火、小火、微火之分。火力的大小，通常以火焰的高低，火的颜色程度以及热传递的强弱来区别。

（一）火力的大小

1.旺火

又称猛火、急火、大武火，即燃气灶的阀门开到最大限度。火势喷射猛烈，火焰包起锅底，并有“呼呼”的响声，有灼人的热气。旺火适用于快速烹调的菜肴，常用于炒、爆、烹、炸等烹调方法，或烹制汤、羹类菜肴，如鲜带子西蓝花、葱爆牛柳、爆炒豆苗等。在大型宴会上的炸类菜肴、汤羹类菜肴，也要用旺火烹制，才能缩短菜肴的上菜时间。用旺火烹制这类菜肴，不仅可以保证质量，而且也能减少营养成分的损失，保持菜肴的鲜美脆嫩。

▲ 中餐烹调

▲越式文火雪花牛肉颗

对成熟度有影响，需要我们从食物的外部传热和食物内部传热两方面来看。

使用旺火烹调的时候，手法也要随之加快，翻锅、翻拌原料、取用油料和调味品的动作要快速、敏捷、准确、熟练，这样才能与火候密切配合，达到理想的烹调效果。

2.中火

又称武火，是与大武火（旺火）比较而言。即燃气灶的阀门开到中等程度，火势喷射不急不慢。火焰直冲锅底，有较轻的“呼呼”声，并散有一定的热气。中火适用于扒、烧、熘、煮等烹调方法，或炸制体大、质坚的菜肴原料，如干烧鲫鱼、扬州炒饭、脆皮童子鸡等。因为上述菜品的原料，有的呈散碎状，如用旺火，往往搅拌不及，容易出现焦煳的现象；有的又因体大质坚，又是生料，如用旺火，容易造成外焦里生。

3.小火

又称文火。即燃气灶的阀门开到约三分之一的程度，火势软弱，火气较轻，火苗不够锅底，听不见“呼呼”声，感觉不到扩散的热气。小火适用于煎、锅贴、煲、慢烧之类的菜肴。如炒鲜奶、大良燕窝盏、锅贴鲈鱼，上述菜肴的原料，质地鲜嫩易熟，成菜时又要求颜色素洁雅观，如火力过大，不仅会使原料失去鲜嫩的特色，而且也会损坏成菜时的颜色。

4.微火

又称慢火，是燃气灶的阀门刚刚启开，火势微弱，火苗如豆；或采用特殊的专用的小火焰的设备。如果原料在锅内不加盖焖制，往往不会出现明显的滚沸状。这种微火，在烹调时常为补助性的加温方法，一般不适用于烹调菜肴。如有些用熬、炖、煲、焖等烹调方法制成的菜肴，没有上菜之前，就必须预先制好，以便随时听取需要，一般都需在微火上保持热度，处于似滚非滚的状态。另外，一些酥烂入味的菜肴，有时也需要微火慢煲的方法。

要掌握火候，除直接鉴别火焰高低、火的颜色和光度外，还应注意识别原料的温度变化。火过旺时，应将锅立即撤离火口或者减小控制火力；锅内温度不足时，应把火力增大。

（二）热的传递方式

食物在加热过程中，可以通过传导、对流、辐射3种方式进行加热，一般传热的途径（微波炉加热除外）是：热源→介质→物料。要使烹饪原料成熟必然要使热源和原料之间形成温度差，这样热的传递就可以进行了，食物也可由生变熟，但由于成熟手段不一，会使食物成熟的效果不同。例如，一只鸡放入锅中加热，用旺火沸水或小火微沸水加热都可以使之成熟，但成熟后的口感不同，一种是刚熟，口感较嫩；一种是久熟，口感较烂。这说明不同的火候加热，对成熟度有影响，需要我们从食物外部的传热和食物内部的传热两方面来看。

1.食物外部的传热

食物外部的传热可分成两个阶段：一个阶段是热源将热传给介质；另一个阶段是介质再将热传给食物。由于介质不同，传热的结果也不同，通常介质的种类可分成固态、液态和气态3种。下面分别介绍其传热机理。

(1) 热源加热固态介质

一般固态介质有金属、泥、盐等几种。在被加热时分两步：第一，热空气→介质外部，主要方式是热对流；第二，介质外部→介质内部，主要方式是热传导。

①要使食物快速成熟，就应加大介质的吸热量，应采取以下措施：

A.提高热源的温度，以增加温度差，使固体物质吸收更多的热量。实践中多采用燃烧热值高的燃料的方法。

B.增大接触面积，一是增加热源与固体介质的接触面积，如将炉口增大或使用多孔的火眼；二是增加固态介质的表面积，如在相同炉眼中，弓形锅比平底锅有更多的面积。

C.增加对流换热系数，如可采用鼓风装置。

D.采用热导率大的固体介质和较薄的炊具。

②如果要使食物缓慢成熟，并达到软烂的口感，则需要热量的积累，一般可采取以下措施：

A.降低热源的温度，减小温差。使食物慢慢加热，慢慢成熟。

B.减小接触面积，如改用小火眼，用煲灶加热。降低热量能源，达到慢慢加热的目的。

C.不采用鼓风装置，减小对流换热系数。

D.采用导热率小的固体介质和增加厚度，如叫花鸡，泥的厚度直接影响到加热时间和热量的储蓄。

(2) 热源加热液态介质

液态介质的种类一般是水和油，由于有流动性，它们都需要固体盛器来辅助，因此加热的过程分3步：第一步，热空气→固体介质外部，主要传导方式是热对流；第二步，固体介质外部→固体介质外部，主要传热方式是热传导；第三部，固体介质内部→流体介质，静止的流体主要传热方式是热传导，流动的流体主要传热方式是热对流。

①如果要使食物快速成熟，就应加大介质吸热的量，可采取以下措施：

A.提高热源的温度，可选择适宜的燃料，燃烧值越高，其放出的热量就越多。如木炭的燃烧值为33470kJ/kg，无烟煤的燃烧值为31380kJ/kg；煤气的燃烧值为46000kJ/kg。

B.增加原料与锅的接触面积，如将原料切割成大片或小型的料，使其表面积增大，原料成熟得更快。

C.加大鼓风量，增加热源与锅底的对流换热系数。现代厨房设备除选用燃烧值高的燃料外，都配有一定鼓风装置。

D.采用热导率大和薄型炊具。如炒锅多为熟铁的薄型锅。

E.增加锅中介质的流动速度。如用手勺搅动使油流动加快，保持水的沸腾等。

②要使食物成熟后具有浓厚软烂的口感，则需要采取以下措施：

A.降低热源温度。如关小火，调低温度档位等。

B.改用平底锅加热或改用小火灶。

C.采用热导率较小、厚度大的炊具。如用砂锅进行加热可达到软烂、浓厚的风味。

D.保持流体微沸或少搅动流体，可使对流换热系数降低。

以水、油进行加热是实践中应用最多的，合理、巧妙地运用影响传热的各种因素来调节它们，使菜肴达到应有的口感。

(3) 热源加热气态介质

气态介质分为热空气和热蒸汽两类，这两类加热的机理不一样。

①热空气

热空气的传热主要源于热源的辐射和热对流，而热传导所传递的热量很少。如果要使食物快速成熟，应采取的措施为：加大温差，食物获得的热量就多。对流换热系数大，热量获得就多。如在加热装置中增加风扇，获得的热量也会增加。烤盘上涂黑漆会起到增加热量的作用。增大受热面积，如烤鸭注水、填葱、充气等方法都能增加与热空气的接触面积，使鸭皮胀大。

②热蒸汽

热蒸汽是指水加热沸腾后产生的水蒸汽。现代厨房多用管道直接供热蒸汽，很少用水加热产汽。要使食物快速成熟，可采取以下措施：增加温差。一般热蒸汽的温度可以达到100°C以上，比水加热速度要快。增加对流换热系数，增大食物的表面积。如蒸鱼时选用金属盘或在鱼下垫葱和姜，使热蒸汽能自由流通。

▲ 中餐烹调

▲ 中餐烹调

二、火候的概念和作用

火候是三大基本要素中熟制的中心内容。“火候”一词原出于古代道家炼丹论著中，指调节火力的文武，后来被形容厨师烹煮、煎熬掌握食物成熟的度。清代文学家袁枚在《随园食单》中专门介绍火候。近代科技的发展使控制火候的技术进一步完善和提高，也使火候的概念从现象的认识过渡到本质的认识。

（一）火候的概念和作用

许多烹饪类书籍将“火候”定义为“火力的大小和加热时间的长短”。这其实不是火候的实质，而是一种现象的表述。因为微波、电磁等现代加热手段的普及，火候的定义如只能用火来涵盖一切是不全面的。

因此，火候的概念可以概括为：根据不同的原料的性质、形态，不同的烹法与口味要求，对热源的强弱和加热时间长短进行控制，以获得菜肴由生到熟所需的适当温度。

食物由生变熟，达到应有的色、香、味、形，适宜的温度是关键。从一般加热来看，食物温度的获得是来自传热介质，传热介质的温度又来自热源，把握好每个环节就是把握食物加热中的火候，没有掌握火候的能力，就不会形成色、香、味、形俱佳的菜肴。

火候是烹饪原料熟处理过程中的重要因素，它决定了菜肴最终的成功与失败。2000多年前的《吕氏春秋·本味篇》曾记载：“五味三材，九沸九变，火为之纪，时疾时徐，灭腥去臊除膻，必以其胜，无失其理。”袁枚在《随园食单》中也强调：“熟物之法，最重火候。有须武火者，煎炒是也；火弱则物疲矣。有须文火者，煨煮是也；火猛则物枯矣。有先用武火而后用文火者，收场之物是也；性急则皮焦而里不熟矣。有愈煮愈嫩者，腰子、鸡蛋之类是也。有略煮即不嫩者，鲜鱼、蚶蛤之类是也。肉起迟则红色变黑，鱼起迟则活肉变死。屡开锅盖，则多沫而少香。火熄再烧，则走油而味失。道人以丹成九转为仙，儒家以无过、不及为中。司厨者，能知火候而谨伺之，则几于道矣。鱼临食时，色白如玉，凝而不散者，活肉也；色白如粉，不相胶粘者，死肉也。明明鲜鱼，而使之不鲜，可恨已极。”可见，火候对菜肴的成败起着非常重要的作用。

（二）火候的作用

1.火候是决定菜肴质量的主要因素，火候掌握恰当，能使菜肴色泽鲜艳、香气扑鼻、滋味鲜美、形态美观。

2.火候是形成多种烹调方法和不同风味的重要环节。

2.食物内部的传热

食物的状态一般分为固态和液态，液态食物（如牛奶），主要传热方式为传导和对流。下面重点介绍固体食物的内部加热。

食物是不良导体，热量传到食物表面后，进入食物内部后仍需一定的时间才能使食物全部成熟。实验表明，一块1.5～2千克的牛肉在沸水中煮1.5小时，内部的温度才达到62℃；一条大黄鱼在油中炸，油温达到180℃，鱼表面温度达到100℃左右，但其内部温度才65℃左右。这说明食物的体积越大，传热中所需的路程就越长，那么，加热这类食物时就不能用高温处理，否则，外部水分汽化、干枯，而内部却没成熟。也就是说，水分汽化的速度大于热量传到食物内部的速度。为此，针对食物内部的传热就应采取相应的加热方式和手段。

3.火候的掌握被视为厨师的第一技术，是衡量厨师水平高低的重要标准。

（三）火候的掌握

火候的控制在单纯的传统操作中并不容易，因为原料的性质、加热的介质、运用的烹法、原料在加热中的变化、加热设备的可操作性等诸多因素的变化，都会影响到最终结果。

1.根据原料的物性来掌握火候

原料的物性简单讲是原料的物理性质，它包括原料的形态、大小、质地、颜色、气味等多方面内容。在加热成熟中，原料的物性不一就应该以不同的火候来对待，以充分发挥原料自身的长处，达到应有的品质要求。例如，土豆烧牛肉，牛肉是动物性原料，形大质老，更适宜长时间加热，土豆是植物性原料，相对而言，体小质脆，易成熟，将两种原料放在一起同时加热，显然不合适。要将两种原料分别用不同的火候进行处理，再同时加热以期达到最后软、烂的统一。

适当刀工处理后的原料，由于体积、形态发生了变化，故掌握火候的原则也将改变，一般遵循以下原则。

(1) 体积小而薄的，多用高温短时间加热。因为体积小而薄的原料，便于成熟，加热的时间短，在高温下，很快就会成熟。

(2) 体积大而厚的，多用低温长时间加热。因为体积大而厚的原料，不易快速成熟，在高温下，容易形成外面焦糊而里面还没成熟的现象。

(3) 质老的原料多采用低温长时间加热。质老的原料成熟慢，不容易熟透，需要长时间加热，因此温度也不能高。

(4) 质嫩的原料多采用高温短时间加热。质嫩的原料，为了保持其质嫩的感觉，需要快速加热成熟，因此需要高温快速加热。

▲ 中餐烹调

2.根据传热介质来掌握火候

传热中常用的介质有液、气、固三种，其中液态的以水、油为主，气态的以热空气、热蒸汽为主，固态的以金属为主。每一种介质都有其不同的热导率，传热的效能会不同，所以掌握火候时应区别对待。

(1) 以油为传热介质

在质量相同的条件下，温度升高1℃，哪个物体的比热容大，哪个物体所需要的热容量就多。水的比热容大于油的比热容，油升高1℃所用的热量比水要少，另外在油作介质传热时，由于油的热导率比水小，静止的油主要传热方式是传导，此时比水传热慢，所以中国烹饪中的热油封面、明油亮汁都是利用其静止时导热慢同时散热也慢的特性起保温作用。尽管油的热导率比水小，但油分子运动起来后主要传热方式是对流，热源在放出同样热量的前提下，油会比水吸收的热量要多，升温自然比水快，同时油的沸点高、温

▲ 中餐烹调

域宽，油易与食物形成较大温差，可以使食物的水分迅速汽化。所以，一般情况下油为介质可使食物迅速成熟，可以使食物形成外脆里嫩、里外酥脆、软嫩的口感。

要形成这几种口感应遵循以下原则：

①要形成外脆里嫩的菜肴，运用火候时注意先用中油温（约140°C）短时间处理，再用高油温（约180°C）短时间处理。

②要形成里外酥脆的菜肴，运用火候使用中油温（约140°C）稍长时间处理，加热中可将原料捞出，使水分蒸发，待油温回升后进行复炸，直到内部水分完全排出。注意油温不能过高，防止原料表面碳化，而不能使原料表面质感一致。

③要形成软嫩型的菜肴，运用火候时应注意用低油温（60°C～100°C）短时间加热原料。

(2) 以水为传热介质

水与油不同，其沸点最高只达100°C，这是水具有的独特的性质，比如，水的沸腾和微沸现象，虽然它们的温度都是100°C，可结果是不一样的，沸腾的水只能被加速汽化不能被提高温度。事实上，沸腾的水在单位时间内能有更多的传热量，因为沸腾的强烈运动，对流换热系数大，水从热源吸收的热量就多，同时传递的热量就多，因此，食物在沸腾的水中加热就能更快地成熟，短时间内的成熟才能保证食物中的水分不过分流失，使质感软嫩。

相反，微沸状态的水可以保证单位时间的传热量少，减少水分的过度蒸发。从长时间加热来看，食物中获得的总能量并不少，虽然可能使原料中水分流失，但是保证了食物分子间的键断裂，形成软烂的口感。

因此，一般遵循的原则是：

①要形成嫩型的菜肴，运用火候时多用沸腾的水短时间加热。

②要形成软烂型的菜肴，运用火候时多以微沸的水长时间加热。

(3) 蒸汽为媒介

以蒸汽加热为例。蒸汽加热的温度可以达120°C，饱和水蒸气可快速加热，能减少原料中水分的损失。蒸汽加热可使食物达到软、嫩、烂的口感。

一般遵循的原则是：

①要形成嫩型菜肴，运用火候时用足汽速蒸。

②要形成软烂型菜肴，运用火候时用足汽缓蒸。

③要形成极嫩的菜肴，运用火候时用半汽速蒸。

3.根据烹调方法来掌握火候

烹调方法是人们利用介质处理食物的一些技术方法，运用不同的烹调方法可以带给菜肴不同的风味和口感。烹调方法是厨师在长期实践中总结出来的，具有一定的规律性，一般来说，炸、炒、烹、爆、熘、涮、氽等烹法，要求菜肴香、嫩、脆、酥，制作菜肴速度较快，因而多用高温速成。比如炸类菜肴，多用140°C～180°C，经过两次（初炸、复炸）快速加热而成。了解了炸的一般规律，针对菜肴加热就可以有的放矢，将油温直接加热到此温度点，控制时间使原料成熟；炖、煨、焖、烧、煮、扒等烹法要求菜肴软烂，需经一段时间加热，因而多用少热量慢加热的技法处理。比如，炖类菜肴，一般温度保持100°C左右，时间为1～3小时。通过对烹法规律的掌握，可大致判断出所运用的火候，学会正确处理食物的方法。当然，对于每一种烹调方法还应具体问题具体分析，灵活运用。

在烹调加工中，由于原料有部分置于可见位置，能通过现象的变化判断成熟度，而有部分烹法却要使原料置于密闭容器中，如烤、蒸等，对于这类菜肴就应学会把握温度和时间，控制好食物的成熟度，如一般的清蒸鱼多在饱和蒸汽中蒸8～10分钟。现代烹饪更讲究科学的数据，减少人为判断的不正确性，使烹调方法的内涵和操作的规律性更加清晰。

4.根据食物在加热中的现象来掌握火候

中国烹饪中，厨师大多通过原料外观、颜色、弹性的变化来判断火候，不管加热环节有多么复杂都是透过现象来反映本质，如“滑炒肉片”血色变白时就停止加热，此时可保持嫩度；绿色蔬菜，油墨绿色变成碧绿色时停止加热，以保持菜肴的鲜艳度；汤色变混，说明火力大；鱼成熟后鳍会翘起，用手按压硬而无弹性，说明已熟，否则是生的，或以筷子扎肉厚的地方是否有血水，以证明是否成熟等。当然火候是否到位，多数是对现象的观察，如拔丝糖浆，要不停地调节火力，自始至终都要观察，如果火大了将会使上色时间过早，影响观察，使糖浆出丝的时机难以把握，反而增加了操作的难度，这样一来经验成为至关重要的因素。

事实上，运用科学的数据可以避免这一问题，实验证明，将糖浆的温度升到160°C～180°C，再降至90°C～160°C，这个区间内糖可以凝固成无定型的玻璃态，即出丝，从实践出发，这种加热时可以办到的，西点中制作糖浆的方法已很能说明问题。因此，中国烹饪不应只凭经验，而应更多地运用科学的数据和先进的加工设备，控制火候以减少制作失败的概率，更精确地把握食物的成熟度。

▲ 中餐烹调

▲ 中餐烹调

项目2
ITEM TWO
调味工艺

▲ 中餐烹调

Seasoning Technology

任务一 味觉与味型

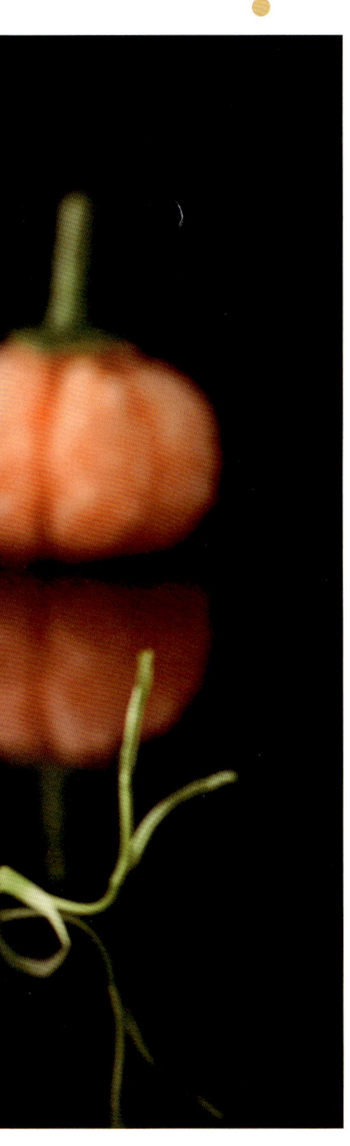

一、味觉的概念

味觉，是指舌头与液体或者溶解于液体的物质接触时所产生的感觉。味觉是一种生理感受，包括广义味觉和狭义味觉。

1.广义味觉

广义味觉也称为综合味觉，是指食物在口腔中，经咀嚼进入消化道后所引起的感觉过程。广义味觉包括心理味觉、物理味觉、化学味觉三种。

(1) 心理味觉

心理味觉是指人们对菜肴形状、色泽、原料等因素的印象，由人的年龄、健康、情绪、职业，以及进餐环境、色彩、音响、光线和饮食习俗而形成的对菜肴的感觉均属于心理味觉。

(2) 物理味觉

物理味觉是指人们对菜肴质感、温度、浓度等性质的印象，菜肴的软硬度、黏性、弹性、凝结性、粉状、粒状、块状、片状、泡沫状等外观形态及菜肴的含水量、油性、脂性等触觉特性均属于物理味觉。

(3) 化学味觉

化学味觉是指人们对菜肴咸味、甜味、酸味等成分的印象，人们感受菜肴的滋味、气味，包括单纯的咸、甜、酸、苦、辛和千变万化的复合味等均属于化学味觉。

2.狭义味觉

狭义味觉指烹调菜肴中的可溶性成分，溶于唾液或菜肴的汤汁，刺激口腔中的味蕾，经味觉神经达到大脑味觉中枢，再经大脑分析后所产生的味觉印象。味蕾是聚结在口腔黏膜中极微小的结构，是接受味觉刺激的感受器。味蕾有着明确的分工：舌尖部的味蕾主要品尝甜味，舌两边的味蕾主要品尝酸味，舌尖两侧前半部的味蕾主要品尝咸味，舌根部的味蕾主要品尝苦味。而甜味和咸味在舌尖部的感受区域，有一定的重叠。

二、影响味觉的因素及现象

不同的调味品给人的感觉是不同的，而各种味觉又从时间上、产生的机制上千差万别。

不同的地理环境和饮食习惯会形成嗜好的不同，从而造成人们味觉的差别。

1.影响味觉的因素

(1) 温度

味觉感受的最适宜温度为10°C～40°C，其中，30°C时味觉感受最敏感。在0°C～50°C范围内，随着温度的升高，甜味、辣味的味道增强；咸味、苦味的味道减弱；酸味不变。咸、甜、酸、鲜等几种味，在接近人的体温时，味感最强。一般热菜的温度最好在60°C～65°C；炸制菜肴可稍高一些；凉菜的温度最好在10°C左右，如果低于这个温度，各种调味品投放的数量就要适当多一些。

(2) 浓度

对味的刺激产生快感或不快感，受浓度影响很大。浓度适宜能引起快感，过浓或过淡都能引起不舒服的感受或令人厌恶。一般情况下，食盐在汤菜中的浓度0.8%～1.2%为宜，在烧、焖、爆、炒等菜肴中以1.5%～2.0%为宜。低于这个浓度则口轻，高于这个浓度则口重。

(3) 水溶性物质

味觉的感受强度与呈味物质的水溶性和溶解度有关。呈味物质必须有一定的水溶性才可能有一定的味感，完全不溶于水的物质是无味的，溶解度小于阈值的物质也是无味的。呈味物质只有溶于水成为水溶液后，才能刺激到味蕾产生味觉。溶解速度越快，产生的味觉也就越快。水溶性大的呈味物质，味感较强，反之，味感较弱。

(4) 生理条件

引起人们味觉感观变化的生理条件主要有年龄、性别及某些特殊生理状态等。一般而言，年龄越小，味感越灵敏，随着年龄的增长，味蕾对味的感觉会越来越钝，也就是味感逐渐衰退，但是，这种迟钝不包括咸味。性别不同，对味的分辨力也有一定差异，一般女子分辨味的能力，除咸味之外都胜过男子，女性与同龄男性相比，多数喜欢吃甜食。人生病时味感略有减退，重体力劳动者，味感较重，轻体力劳动者，味感较轻。

(5) 个人嗜好

不同的地理环境和饮食习惯会形成嗜好的不同，从而造成人们味觉的差别。但是，人的嗜好随着生活习惯的变化是可以改变的。“安徽甜、河北咸，福建、浙江咸又甜；宁夏、河南、陕、甘、青，又辣又甜外加咸；山西醋、山东盐，东北三省咸带酸；黔（贵州）、赣（江西）、两湖（湖南、湖北）辣子蒜，又麻又辣数四川；广东鲜、江苏淡，少数民族不一般。”这一首中国人的口味歌，十分准确生动地反映了个人嗜好对味觉的影响。

(6) 饮食心理

饮食心理是人们生活中形成对某些食物的喜好和厌恶。如某些人对某种原料或菜肴颜色及味道的反感。此外，还包括不同民族由于宗教信仰和饮食习惯不同造成的味觉差别。

(7) 季节变化

随着季节的变化，也会造成味觉上的差别。一般情况下在气温较高的盛夏季节，人们多喜欢食用口味清淡的菜肴；而在气温较低的严冬季节，多喜欢口味浓厚的菜肴。

(8) 饥饿程度

民间有句俗语叫“饥不择食”，就是说人们在过分饥饿时，对百味俱敏感；饱食后，则对百味皆迟钝。

2.味觉的几种现象

(1) 味的对比现象

将两种不同化学物质的味，以适当的比例混合，它们同时作用于味觉，其中一种味觉会明显地增强，此种方法称为

“提味”。如在甜味中加入少量咸味，甜味会明显增强；在鲜味中加入少量咸味，鲜味也会明显增强；在香味中加入少量的咸味，香味会明显增强等。

(2) 味的抑制现象

两种不同的化学物质的味以适当的比例混合，同时作用于味觉，其中一种味觉会明显地减弱，此种方法称为“撤味”。如在咸味中加入少量的甜味，咸味明显地减弱，在酸味中加入少量的甜味，酸味明显地减弱；在膻味中加入少量的咸味或辛辣味，膻味明显减弱等。

(3) 味的相乘现象

味的相乘又称味的相加，是将两种或两种以上同一味道的呈味物质混合使用，导致这种味道进一步加强的调味方式。如鸡精与味精混合使用可使鲜度增大，而且更加鲜醇。主要是在需要提高原料中某一主味或需要为原料补味时使用。

(4) 味的转换现象

两种不同的呈化学物质的味，先后作用于味觉，其中先作用于味觉的味会消失。如先冷菜后热菜，先咸后甜就是利用味的转换现象调节饮食进餐的节奏感；吃完油腻或辛辣的菜肴后，再吃清淡或香甜的菜肴就可达到味的转换，使人的口味停留在最好的味觉上。

(5) 味的疲劳现象

味的疲劳现象又称作味的累积现象。过重的呈化学物质的味，或具有强烈刺激性的呈味物质，长时间地作用于味觉器官，会产生味觉疲劳，从而失去味觉感应的灵敏度。因此，在享受美味佳肴的同时，不仅要注意到不同呈味菜肴的刺激性，也应注意到味的合理分配。

三、味与味型

味是某种物质刺激味蕾所引起的感觉。菜肴的味是由调味品和烹调原料（主、辅料）中的呈味物质，通过加热、调拌融合而成的。在菜点烹制过程中，凡能起到突出菜点口味、改变菜点外观、增进菜点色彩、消除腥膻异味等无毒的非主、辅料食品，统称为调味品。

菜肴的味是一种复杂的生理感受，是神经通过味蕾所感受到的滋味，在口腔中能产生物理和化学反应，味大体可分为单一味和复合味两大类。

1.单一味

单一味也称为基本味、母味，是指只用一种味道的呈味物质调制出的滋味。主要有咸、甜、酸、辣、苦、鲜、香七种味（见下表）。

▲泡菜

单一味型表

表1

味型	要求	烹调中的作用	来 源
咸味	咸味是绝大多数复合味的基础味，是菜肴调味的主味，菜肴中除了纯甜味品种外，几乎都带有咸味，而且咸味调味品中的呈味成分氯化钠是人体的必需营养素之一，故常被称为“百味之本”“百肴之将”。	咸味具有提鲜、增甜、去腥解腻的作用，还可以突出原料的鲜香味，调和多种多样的复合味。	常用的咸味调味品主要有食盐、酱油、面酱及以咸味为主的其他调味品。
甜味	甜味也称甘味，在调味中的作用仅次于咸味，也是我国南方菜肴的主味之一。在烹调中，甜味除了调制单一甜味菜肴外，更重要的是调制更多复合味的菜肴。	甜味可以增加菜肴的鲜味，并有特殊调和滋味的作用。	常用的甜味调味品主要有白糖、红糖、冰糖、蜂蜜、饴糖、果酱、糖精等。
酸味	酸味也是调味时常用的一种，具有较强的去腥解腻作用，能促使含骨类原料中钙的溶出，生成可溶性的醋酸钙，增加人体对钙的吸收，使原料中骨质酥脆。	酸味调味品中的有机酸还可与料酒中的醇类发生酯化反应，生成具有芳香气味的酯类，增加菜肴的香气，酸味一般不独立作为菜肴的滋味，都是与其他单一味一起构成复合味。	烹调中较常用的酸味调味品主要有食醋、番茄酱、柠檬汁等。
鲜味	鲜味可使菜肴味道鲜美，使无味或味淡的原料增加滋味，同时还具有刺激人们食欲，抑制不良气味的作用。鲜味主要来源是烹调原料本身所含的氨基酸等物质和呈现鲜味的调味品。	鲜味通常不独立作为菜肴的滋味，而是与咸味等其他单一味一起构成复合的美味。	烹调常用的呈鲜调味品主要有味精、鸡精、虾籽、蚝油、鱼露及鲜汤等。
辣味	辣味具有较强的刺激性气味和特殊的香气成分，能刺激胃肠蠕动、去腥解腻、增强食欲、帮助消化。	对其他不良气味，如腥、臊、臭等有抑制作用。	常用的辣味调味品有辣椒、胡椒、辣酱、蒜、芥末等。
苦味	单纯的苦味，尤其是较强烈的苦味是人们不喜欢的，但在菜肴中稍微调和一点带有苦味的调味品，可使菜肴形成清香爽口的特殊风味。	苦味物质大多具有去暑解热，去除异味的作用。	烹调中常用的苦味调味品主要有杏仁、柚皮、陈皮、白豆蔻等。
香味	烹调中的香味是复杂的、多样的。主要来源于原料本身含有的醇、酯、酚等有机物质和调味品。	香味的主要作用是使菜肴具有芳香气味，刺激食欲、去腥解腻等。	较常用的调味品主要有脂类、酒类、香精、香料等。

2.复合味

人们烹调各种菜肴时，很少使用一种调味品，多是几种调味品混合使用，其所形成的滋味为复合味，又称混合味。复合味的种类很多，较为常用的有以下几种。

(1) 鲜咸味

鲜咸味是菜的最基本的复合味，它是由咸味和鲜味组成的。鲜咸味应用的范围最广，几乎各种地方菜的各种菜肴中都会有这一味型。

(2) 酸甜味

酸甜味又称糖醋味，它是由咸味、甜味、酸味和香味（葱、姜、蒜及油脂的香味）混合而成。酸甜味一般分为四种类型：第一种是酸味略强于甜味的酸甜味，如广东菜的番茄鱼片、浙江杭州的西湖醋鱼等；第二种是甜味略强于酸味的甜酸味，如北方菜的樱桃鱼等；第三种是酸甜两味对等的，也就是说酸甜适中，如北方菜的糖醋鱼、糖醋里脊等；第四种是在酸甜味中含有辣酱油的芳香气味，如广东菜的咕噜肉等。

(3) 甜辣味

甜辣味是由甜味、辣味、咸味和鲜味构成的，主味是甜辣，附以咸鲜，如南烧茄子、干烧鱼等。

(4) 咸辣味

咸辣味由咸味、辣味、鲜味和香味调和而成。如川菜的辣子鱼，辣中有咸，咸中散发着鱼的清鲜味和葱、姜、小料的香味。辣子羊肉、红油仔鸡等均属于这一类。

(5) 甜咸味

甜咸味是由咸味、甜味、鲜味和香味调和而成的。甜中有咸，咸中有鲜、如广东菜的叉烧肉，在甜咸味中又散发着汾酒的醇香；京菜的酱爆肉，在甜咸味中又散发着酱味的清香。

(6) 香辣味

香辣味是由咸味、辣味、酸味、甜味调和而成。香辣味的味型也是比较多的，如川菜的鱼香味，是辣椒的辣、醋的酸、糖的甜和泡辣椒、葱、姜、蒜等小料的香糅合在一起而形成的一种特有的香味；再如，山东菜的醋椒鱼，鱼和香菜的清香味伴有胡椒的辣味、醋的酸味，食之分外爽口。咖喱汁、蒜泥汁、姜汁都属于这种味型。

(7) 香咸味

香咸味是由香味、鲜味和咸味组成的。如广东的卤、北京的酱，都属于香咸味。香咸味的调味品多用药材配制而成。如北京月盛斋的酱牛肉、白魁的烧羊肉，其调味品中的药材多达24 种。

▲ 葱烤萝卜

▲ 炒烤牛蛙

(8) 麻辣味

麻辣味主要是由麻味和辣味构成，以突出麻味和辣味为主，同时附以咸、鲜、香，由花椒、辣椒、酱油或酱、葱、姜等原料调和而成，如麻婆豆腐等。主要确定菜肴的麻辣味型，麻辣味是川菜特有的味道。

(9) 怪味

怪味是由咸味、甜味、辣味、麻味、酸味、鲜味和香味调和而成的，它是川菜独有的一种味型，如怪味豆、怪味鱼、怪味鸡等。

▲ 中餐烹调

任务二 调味的作用、原则和方法

所谓调味，就是在烹制过程的某一环节，按照菜肴的质量要求和适当比例投入调味品，使菜肴具有色、香、味俱佳的品质特征。调味是烹调中的一项重要措施，对菜肴的色、香、味起重要的作用。

一、调味的作用

调味能使淡而无味的原料获得鲜美的滋味。如海参、豆腐、粉皮等原料，本身不具备鲜美的滋味，必须用多种调味品调和，才能成为滋味鲜美的佳肴。

1.确定滋味

调味最重要的作用是确定菜肴的滋味。能否给菜肴准确恰当定味并从而体现出菜系的独特风味，显示了一位烹调师的调味技术水平。

对于同一种原料，可以使用不同的调味品烹制成多样化口味的菜品。如同是鱼片，佐以糖醋汁，出来是糖醋鱼片；佐以咸鲜味的特制奶汤，出来是白汁鱼片；佐以酸辣味调味品，出来是酸辣鱼片。

对于大致相同的调味品，由于用料多少或烹调中下调味品的方式、时机、火候、油温等不同，可以调出不同的风味。例如，都使用盐、酱油、糖、醋、味精、料酒、水淀粉、葱、姜、蒜、泡辣椒作调味品，既可以调成酸甜适口微咸，但口感先酸后甜的荔枝味，也可以调成酸甜咸辣四味兼备，而葱、姜、蒜香则突出鱼的香味。

2.去除异味

所谓异味，是指某些原料本身具有使人感到厌烦、影响食欲的特殊味道。原料中的牛、羊肉有较重的膻味，鱼、虾、蟹等水产品和禽畜内脏有较重的腥味，有些干货原料有较重的臊味，有些蔬菜瓜果有苦涩味。这些异味虽然在烹调前的加工中已解决了一部分，但往往不能根除干净，还要靠调味中加相应的调味品，如酒、醋、葱、姜、香料等，能有效地抵消和矫正这些异味。

3.减轻烈味

有些原料，如辣椒、韭菜、芹菜等具有自己特有的强烈气味，适时适量加入调味品可以冲淡或综合其强烈气味，使之更加适口和协调。如辣椒中加入盐、醋就可以减轻辣味。

4.增加鲜味

有些原料，如熊掌、海参、燕窝等本身淡而无味，需要用特制清汤、特制奶汤或鲜汤来“煨”制，才能入味增鲜；有的原料如凉粉、豆腐、粉条之类，则完全靠调味品调味，才能成为美味佳肴。

5.调和滋味

一味菜品中的各种辅料，有的滋味较浓，有的滋味较淡，通过调味实现互相配合、相辅相成。如土豆烧牛肉，牛肉浓烈的滋味被味淡的土豆吸收，土豆与牛肉的味道都得到充分发挥，成菜更加可口。菜中这种调和滋味的实例很多，如魔芋烧鸭、大蒜肥肠、白果烧鸡等。

6.美化色彩

有些调味品在调味的同时，赋以菜肴特有的色泽。如用酱油、糖色调味，使菜肴增添金红色泽；用芥末、咖喱汁调味可使菜肴色泽鲜黄；用番茄酱调味能使菜肴呈现玫瑰色；用冰糖调味使菜肴变得透亮晶莹。

二、调味的原则

调味的原则就是在调味的过程中应遵循的规律，要根据原料的性质，食用者不同口味、季节及菜肴的种类进行操作。

1.调味品的投放要恰当、适时、有序

要根据烹饪原料本身的品质特性，选用适合的调味品，同时要了解调味品本身的性质，做到因材施艺。调味品投放时，应选择最佳时机，使用多种调味品时，应根据每一种调味品自身的性质和性能，按一定顺序投放，最大限度地体现出调味品的调和作用。下料时要注意三点：恰当地掌握好调味品的用量；掌握好投料的顺序，投料要突出主味，不忘辅味；操作时应当做到操作熟练，下料准确、适时，并且力求投料规格化，有固定的程序。

2.根据烹饪原料的性质调味

在调和滋味时应充分了解烹饪原料的性质，切不可千篇一律，一概而论。对于鲜美的原料，调味时应以调味品的滋味衬托出烹饪原料的美味。对于本身带有腥、膻、臊、臭、苦、涩、腻等异味的原料，调味时应用较重的滋味抑制异味，或用调味品除去异味，对于本味极弱的原料，调味时要补充增进滋味。

3.根据季节的变化合理调味

人们的口味往往随着季节的变化而有所不同，春天口味偏酸，夏季口味偏苦，秋天口味多辣，冬天口味偏咸。调味时应考虑这种口味的变化。

4.根据食者的口味要求调味

“食无定味、适口者珍。”不同地区的人，其口味千差万别，因此在烹制调味时，应以人为本，必须充分了解食者的口味要求。

5.根据菜品风味特点进行调味

烹调技艺经过长期的发展，形成了具有各地不同特点的风味。同名菜其调味方法略有差别，如“干烧鱼”川味以辣为主味，咸鲜为辅味；苏味以甜为主味，其他为辅味；北方地区以咸为主味，其他为辅味，可谓各俱特色。

三、 调味的方法

调味时因原料、烹调方法、菜肴种类等的不同而采用加热前调味、加热过程中调味、加热后调味的方法，具体如下。

1.加热前调味

调味的第一个阶段是原料加热前的调味，也叫基本调味。这种调味方法，就是在原料下锅之前，先用精盐、酱油、料酒、胡椒粉、鸡蛋（或蛋清）、湿淀粉等把原料浆一浆，让调味品的味渗入原料内，使原料在下锅前有一基本的味，并消除原料的腥膻味，此法适用于鸡、鸭、鱼、虾、肉类原料。有些配料，如青笋、黄瓜等，也需要在烹调前用精盐腌一下，以腌去部分水分，确定它的基本味。

2.加热过程中调味

调味的第二个阶段是在原料加热过程中的调味，也叫正式调味，或称决定性调味。在加热过程中调味，可以确定菜品的风味特色。对于烩、烧、炖等烹调方法，以及一些无法进行加热前调味或不适合加热后调味的情况，加热中调味对于菜品的制作起着决定性的作用。此外炸法本身的过程也是调味，是增香味的调味方法。

3.加热后调味

调味的第三个阶段是烹饪原料加热后的调味，又称补充调味、辅助调味。在烹调加热后调味，对一些烹调方法，

Method

TASK 2

▲ 中餐烹调

如蒸、炸、涮、烤等，起着非常关键的作用。对于烹制加热前和加热中都不易调味或不能充分调味的原料，通过烹制加热后的调味，可以确定菜品的口味和特点。

四、调味品的使用

1.容器的选择

有腐蚀性的调味品，应该选择玻璃、陶瓷等耐腐蚀的容器；含挥发性的调味品，如花椒、大料等应该密封保存；易发生化学反应的调味品，如调料油等油脂性调味品，由于在阳光作用下会加速脂肪的氧化，故存放时应避光、密封；易潮解的调味品，如盐、糖、味精等应选择密闭容器。

2.环境的选择

保管调味品时环境温度要适宜。温度太高，糖易融化，醋会由于细菌繁殖，变质而产生浑浊现象；葱、姜、蒜等调味品温度高容易生芽，温度太低容易冻伤。

环境湿度太大，会加速微生物的繁殖，会加速糖、盐等调味品的潮解；湿度过低，会使葱、姜等调味品大量失水；油脂类需要避光保存，否则会加速氧化而酸败；香辛料香气会加速挥发，暴露在空气中也易产生类似的影响。

3.方法的选择

不同性质的调味品应该分别保管，如新油与使用过的油不宜易相互混合；食盐和糖不宜混放在一起，液体调味品与固体调味品不宜混放一起。调味品应及时使用，现用现加工。如淀粉汁、材料油、葱花、姜末等，应根据用量掌握好加工数量，尽可能一次用完，否则会造成浪费。

4.调味品的合理摆放

临灶操作时，调味品的放置要符合操作方便，不易混淆，不易污染的原则。

(1) 先用的调味品要近放，后用的调味品要远放。这样使用起来方便，提高调味品使用的效率。

(2) 常用的调味品要近放，不常用的调味品要远放。常用的调味品，使用频率高，为了使用方便，需要就近放置。

(3) 液体的调味品要近放，固体的调味品要远放。液态的调味品容易外溢，若放置过远，使用过程中，容易使液态原料滴到其他原料中。

(4) 有色的调味品要近放，无色的调味品要远放。这样可以防止有色的原料掉到无色的调味品中。

(5) 耐热的调味品要近放，不耐热的调味品要远放。近放的调味品，靠近炉子，温度高，如果放置不耐热的调味品，容易使调味品发生变化。

(6) 颜色相同的调味品或相近的调味品要间隔放置。这样可以防止混淆使用，否则会影响菜肴质量。

▲ 中餐烹调

任务三 复合调味品的制作

▲ 椒盐虾球

一、椒盐

制作方法（一）

1.制作方法

先将花椒用慢火炒熟炒香，凉凉后研成细末过罗，然后花椒粉与精盐按3∶1的比例调匀即可。

2.成品特点

香麻而咸。

3.适用范围

主要用于油炸食物的蘸食之用。

制作方法（二）

1.制作方法

采用白胡椒粉与精盐按3∶1的比例调匀即可。

2.成品特点

胡椒香浓，咸带微辣。

3.适用范围

此盐多用于炸类菜肴蘸食。

二、花椒油

1.制作方法

以芝麻油、花椒为原料，制作时用温油炸制花椒，逐渐升温直至将花椒炸至老黄，使花椒的香味完全融入芝麻油中，将花椒打捞干净，凉凉即可使用。

2.成品特点

成品花椒香味浓郁。

3.适用范围

主要用于红烧等红色、咸鲜为主的菜肴和凉菜的制作。

三、辣椒油

1.制作方法

以芝麻油、干红辣椒为原料，制作时将辣椒温油下锅，逐渐升温直至将辣椒炸至老黄，使辣椒的香味、辣味、色素全部融入油中，将辣椒捞出凉凉即可。

2.成品特点

成品色泽鲜红，香辣味并重。

3.适用范围

主要用于辣味菜肴的底油或明油以及凉菜的制作。

四、大葱油

1.制作方法

以猪大油（或植物油等）、大葱为原料，制作时将大葱切大段拍松或剖切后温油下锅，逐渐升温炸至老黄，使葱的香味全部融入油中，捞出大葱凉凉即可。

2.成品特点

成品葱香浓郁。

3.适用范围

主要用于红烧、扒、焖等红色、咸鲜为主的菜肴和凉菜的制作。

五、葱椒油

1.制作方法

以猪大油（或植物油等）、大葱、花椒为原料，制作时将大葱切大段拍松或剖切后连同花椒一起温油下锅，逐渐升温将大葱、花椒炸至老黄，使葱、花椒的香味全部融入油中，捞出大葱、花椒凉凉即可。

2.成品特点

葱、椒味混合。

3.适用范围

主要用于红烧、扒、焖等红色、咸鲜为主的菜肴和凉菜的制作。

▲ 麻婆豆腐

▲ 牙尖口口脆肚

▲海蜇

▲小卤蛋

六、三合油

1.制作方法

以酱油、醋、香油为原料，制作时以酱油为主，醋、香油适量，加少许味精调配而成。

2.成品特点

成品咸、香、酸、鲜，口味清淡，香鲜解腻。

3.适用范围

主要用于凉菜的制作。

七、芥末糊

1.制作方法

以芥末粉为主料，制作时将芥末粉用温开水及少许醋调糊状，加盖焖制半小时左右（急用时也可带盖上笼略蒸），焖出辣味后，再据调味需要加入香油或植物油、糖、味精、精盐等调匀即可。

2.成品特点

成品辛辣刺鼻，咸香爽口。

3.适用范围

主要用于凉菜的制作。

八、咖喱汁

1.制作方法

以咖喱粉为主料，制作时先用油将葱段、姜片炸至金黄捞出，再加蒜末炒出香味后加入咖喱粉。

2.成品特点

成品色泽金黄，香辣适口。

3.适用范围

主要用于咖喱口味的菜肴制作

九、老虎酱

1.制作方法

在甜面酱中加入适量的大蒜泥和香油，调匀即成。

2.成品特点

成品口味咸香。

3.适用范围

多用于蘸食。

十、大蒜泥

1.制作方法

以鲜蒜泥味主料，调制时配以酱油、醋及适量的味精、香油，根据口味的不同要求，可自行掌握酱油与醋的配比。

2.成品特点

成品口味咸鲜香辣。

3.适用范围

主要用于冷菜的佐食。

十一、葱姜水

1.制作方法

以葱姜为主料，制作时将葱切成大段并拍松，姜切成薄片或直接拍松，放入碗中，加入适量开水浸泡（适当煮沸，效果更佳），待水冷却后捞出葱姜即成。

2.成品特点

成品汁液状，带有葱、姜香气。

3.适用范围

动物性原料制馅或正式烹调前的腌制调味。

十二、葱姜花椒水

1.制作方法

以葱姜、花椒为主料，制作时将葱切成大段并拍松，姜切成薄片或直接拍松，连同花椒一起放入碗中，加入适量开水浸泡（适当煮沸，效果更佳），待水冷却后捞出葱姜、花椒即成。主要作用同葱姜水。

2.成品特点

汁液状，带有葱、姜、花椒的香气。

3.适用范围

动物性原料制馅或正式烹调前的腌制调味。

十三、麻汁酱

1.制作方法

以芝麻酱为主料，配以适量的高汤、精盐、味精、香油，调匀即成。

2.成品特点

成品香浓醇厚，咸鲜可口。

3.适用范围

主要用于冷菜的制作。

▲ 中餐烹调

项目3 ITEM THREE 辅助工艺

▲ 中餐烹调

任务一 焯水

一、焯水的概念

焯水，又称为冒水、区水、飞水、水烫、水煮等，就是把加工整理或切制成形的食物原料放入水锅中加热至正式烹调所需要的火候状态，以备进一步切配成形或正式烹调之用的初步加热过程。

二、焯水的作用

1.可使新鲜蔬菜色泽鲜艳

大部分的新鲜蔬菜中都含有丰富的叶绿素，加热时叶绿素中的镁离子与蔬菜中的草酸形成脱镁叶绿素，导致蔬菜颜色变暗。正式烹调前的焯水可以通过加热和稀释作用，有效地除去蔬菜中的草酸，使烹调原料的pH值接近中性，防止和减少脱镁叶绿素的产生，从而达到保持原料颜色鲜艳的目的。

另外，新鲜蔬菜的表面或薄或厚地裹着一层蜡膜，这是植物防御病害的自我保护膜。这些蜡膜在一定程度上阻碍了人们对蔬菜颜色的感受。焯水可融化蜡膜，提高人们对蔬菜颜色的感受。所以，焯水不但能防止蔬菜变色，还能提高蔬菜的鲜艳程度。

2.可以除去异味、排出血污和部分油腻

异味是指原料中的苦味、涩味、腥味、臭味等，这些味道在某些蔬菜及动物的脏腑中广泛存在。它们属于低分子聚合物，分子结构比较复杂，但绝大部分易溶于水，比如草酸的涩味、芥子油的苦辣味、尸胺的臭味等均可以在热水中被分解很大一部分。血污较大的动物性原料也可以通过焯水除去血污及腥臭异味。

3.可以调整不同原料的成熟时间

各种原料由于质地及形状的不同，在成熟时间上差异很大。有的需要几个小时，而有的只需几秒钟。在正式烹调时，要把这些质地不同、形状各异、成熟时间不同的原料搭配在一起，经过同样的火力、同样的加热时间，烹制成一道恰到火候的精美菜品，就需要在正式烹调前对一些成熟时间较长的原料进行预熟处理。焯水就可以有目的地调整某些原料的成熟时间，从而达到共同成熟。

4.可以使某些原料便于去皮或切配成形

有些原料，如西红柿、花生米、栗子、荸荠等去皮比较困难，若通过焯水使之预熟，去皮就容易多了。另外，肉类、动物内脏等原料，通过焯水，比生料更容易切配。

5.可使某些原料质地脆嫩

质地脆嫩是不少菜肴所追求的口味，特别是新上市的新鲜蔬菜无不以脆嫩取胜，没有人会喜欢粗老的。一般来说，菜肴嫩的程度主要与含水量有关，含水量多则嫩，含水量少则不嫩或不够嫩，甚至老。因此在烹调中尽量保持原料中的水分不外溢或少外溢。焯水就是保持原料水分的一种有效措施，特别是热水锅焯水法，通过提高水的温度，缩短加热时间，从而避免原料中水分过度损失，以达到保持原料脆嫩的目的。

6.可以缩短正式烹调时间

经过焯水的原料能够达到正式烹调的要求，即符合正式烹调所需的成熟度，变为半熟、刚熟或熟透的半成品，因而大大缩短正式烹调的时间。焯水对于那些旺火速成、对菜品口感要求脆嫩的菜肴尤为重要。

▲ 中餐烹调

三、焯水的原则

第一，焯水时，要根据原料质地不同、色泽深浅的不同、块状大小的不同而分别焯水。

动物类原料与植物类原料要分别焯水；色味较重的与色味较轻的要分别焯水；块状大的要与块状小的分别焯水，以防彼此串味，同时也便于掌握火候。

第二，应根据原料的性质和切配烹调的要求掌握好焯水的火候。

如焯制绿色蔬菜类原料时，水复开即可；焯制根、茎类蔬菜原料的时间略长；肉类原料则以焯至断生为度，如达不到断生的程度，会造成色泽不艳、异味除不净，甚至影响成菜的质量。反之焯透后，菜肴会变得老硬，或破碎不成形、颜色变暗，失去鲜味。

第三，把握好焯水对原料营养成分的影响。

虽然焯水能使原料中的异味转化成无味，腥膻味能随着脱水过程而得以减轻，但由于焯水有时也会使原料内的一些不稳定、可溶性营养物质溢出，特别是新鲜蔬菜中的水溶性维生素更容易受到损失，因此，焯水应针对原料的性质，科学地去进行。

第四，动物性原料焯水后，汤汁不应弃掉，可在撇沫澄清后作为鲜汤使用。

动物性原料经过焯水后，许多营养物质以及鲜味物质都溶解在汤汁中，汤汁的鲜味和营养成分较多。因此，可采用撇沫澄清，去掉一定的杂质后作为鲜汤使用，或在焯水的汤汁中下料煮制鲜汤。

四、焯水的具体方法

根据投料时间和水的温度高低，焯水可分为冷水锅焯水和热水锅焯水两种方法。

1.冷水锅焯水

将加工整理的食物原料与冷水同时入锅加热至一定程度，捞出投凉、漂洗，以备正式烹调所用的方法，称为冷水锅焯水。

• 操作流程

锅中注入冷水→投入加工好的原料→加热→翻动原料→控制加热时间→捞出投凉、漂洗。

• 适应范围

(1) 异味较重、血污较多的动物性原料（如肚、肠、肉类等）。

▲ 椒麻莴笋

（2）体形较大、质地坚实并带有较浓苦涩味的植物性原料（如萝卜、鲜笋等）。

2.热水锅焯水

将食物原料初步整理后，放入加热至一定温度的水中，继续加热至一定成熟度的方法，称为热水锅焯水。

• 操作流程

加工整理原料→放入热水中→继续加热→翻动原料→迅速烫好→捞出投凉、漂洗。

• 适应范围

（1）体形较小、味美鲜嫩或脆嫩，需要保持色泽鲜艳的植物性原料，如芹菜、菠菜、香菜等。

（2）体形小、异味轻、血污少的动物性原料，如鸡、鸭、方肉、蹄髈等。

▲ 巧拌龙须菜

五、焯水时的注意事项

1.要根据烹饪原料的质地掌握好焯水时间

各种烹饪原料质地有老嫩、软韧之分，形状有大小、粗细、薄厚之别，在焯水中应区别对待，分别控制好焯水的时间。体积厚大、质地老韧的原料，焯水时间可长一些；体积细小、质地软嫩的原料，焯水时间应短一些，以使之符合正式烹调的需要。

2.有特殊味道的烹饪原料应分别处理

有些原料有很重的特殊气味，如羊肉、牛肉、肠、肚、芹菜、萝卜等。这些原料应与一般原料分开焯水，以免各种烹饪原料之间吸附和渗透异味，影响原料的口味。如果使用同一锅进行焯水时，应先将无异味或异味较小的原料进行焯水，再将异味较重的原料焯水。这样既可节省时间，又可避免相互串味。

3.深色与浅色的烹饪原料应分开焯水

焯水时要注意原料的颜色和加热后原料的脱色情况。一般色浅的烹饪原料不宜同色深的烹饪原料同时焯水，以免浅色的烹饪原料被染上其他颜色而失去其原有的颜色。

4.根据菜肴需要，安排焯水程度

同一原料，由于烹调方法和所制作的菜肴不同，有的进行焯水处理，有的不用，处理方法也有不同。原料加工的块、粒、片厚薄也有差别，有的菜肴需要全熟，有的需要半熟等，因此需要根据菜肴的需要合理安排焯水。

5.焯水时可适当加一些其他辅助性原料，有利于原料焯水后保持色泽和营养成分

蔬菜焯水时加点盐，可减少蔬菜中营养物质的损失。从营养学角度分析，蔬菜焯水可增加水溶性营养物质的损失，如小白菜在100℃的沸水中烫2分钟，维生素的损失率便高达65%。若焯水时加入1%的精盐，便可减缓蔬菜内可溶性营养物质的流失速度。

豆角焯水时最好加点碱。这是因为豆角在生长过程中，表面会形成脂肪性角质物质和大量的蜡质。由于这些物质遮蔽了豆角表皮细胞所含的叶绿素，因而豆角的碧绿色泽不突出，豆角的角质和蜡质物不溶于水，而只溶于热碱水中，所以在豆角焯水时添少许碱，豆角便显得碧绿。但须注意：加碱切忌过多，否则会影响菜肴的风味特色和营养价值。

蔬菜焯水时可加点油。蔬菜经焯水后发生了很大的变化，菜叶外表具有保护作用的蜡质、组织细胞均被破坏了，色泽也会因为受热发生变化。如果在焯水时的蔬菜水中加一点植物油，就会在蔬菜表面形成一层薄薄的油膜，这样既可防止水分蒸发，保持蔬菜的脆嫩，又可阻止蔬菜氧化变色和营养物质的流失。

6.脆性原料焯水时间不能过长

如猪肚、墨鱼丝、田螺、海螺等。因为这些原料质地脆嫩而韧，纤维组织细密，含水较多，如焯水时间过长，其纤维组织会骤然紧缩，水分大量排出，使原料质地变得僵硬老韧，失去脆嫩感，吃起来咀嚼困难，口感不佳。脆性原料焯水火候，当以下料后复滚为宜。

7.动物类原料焯水后应立即烹制

畜禽肉经焯水处理后，内部含有较多的热量，组织细胞处于扩张分裂状态，如马上烹制，极易熟烂，同时这也可以缩短烹调时间，并减少营养素的损失。若焯水后不立即烹制，这类原料便会因受冷表层收缩，造成“回生”现象，最终导致成菜效果不理想。

任务二 过油

▲ 中餐烹调

一、过油的概念

过油也称为油锅，是指在正式烹调前以食用油脂为传热介质，将加工整理或切制成形的食物原料，加热至一定程度，达到正式烹调需要的操作过程。

二、过油的作用

1.丰富原料的质感

需要过油的原料都含有不同程度的水分，而水分是决定原料质感的重要因素。过油时利用不同的油温和不同的加热时间，使原料的水分与初始状态产生差异，从而形成多种质感。

此外，需要走油的原料许多还需要上浆挂糊，由于浆、糊的不同，同种原料也会体现出不同的质感。

2.增加原料的色彩

过油是通过高温使原料表面的蛋白质类物质发生化学反应，使淀粉变成糊精，从而达到改变原料色泽的目的，经过不同的过油方法处理之后，特别是经过挂糊过油之后，会为原料增光添彩。

3.加快原料的成熟速度

过油虽然是初加热，但由于温度很高，会使原料中的蛋白质、脂肪等营养成分迅速分解，从而加快了原料的成熟速度。

4.改变或确定原料的形态

过油时原料中的蛋白质类物质在高温状态下会迅速凝固，使原料的原有形态和改刀后的形态，在继续加热和正式烹调中不被破坏。

▲锅包肉美食

5.解除原料的部分异味

过油可以使水分挥发，一些溶解于水中的异味，也会随着水的挥发而挥发，从而减少了原料的异味。

6.能使原料散发出香味

因为油能以200°C以上的温度迅速驱散原料内部和表面的水分，使原料中具有芳香气味的醇、酚、酯、酮等有机物散发出来，使油分子渗透到原料内部，给缺少脂肪的原料，增加营养素和酯香气。

7.能对原料杀菌消毒

一般的细菌在达到85°C时就会死亡，而使用过油初步熟处理，油温会远远大于这个温度，从而达到杀菌消毒的作用。

三、过油的操作关键

1.油量要多，要达到宽油的标准，即以淹没原料为度

过油时，原料要全部浸没油中，其一是防止原料受热不均匀，同时要在锅中勤翻动原料。其二就是大油量的热量高，原料成熟快。

2.原料下锅要注意火候和油温

对一些丁、丝、片等小型原料，特别是经过挂糊上浆的原料，要控制好火候和油温，油温过高，下锅时容易粘连结壳，油温过低，容易使原料出现脱糊脱浆等情况，带皮的原料应皮朝下下锅，大块的原料应贴着锅边滑下去，油温不能过高。

▲中餐烹调

3.注意锅中的油爆声

原料下锅后，特别是一些大型原料或含水量大，会出现水受热的爆声，爆声减弱，说明原料表面水分基本挥发。

4.要勤翻动原料

原料下锅后，要勤翻动原料，防止原料粘连，同时对一些大型原料，使其受热均匀，并防止粘锅煳锅。

四、油温与其控制

油温，指即将投料时锅中油的热度。油的温度通常由“几成热”来表示，每成热为30°C左右。对油的温度习惯上分为温油、温热油、热油及烈油。温油，也称为三四成热，油温在100°C左右，此时油面泛起白泡，无声响和青烟。温热油，也称为五六成热，油温在150°C左右，此时油面向四周翻动，略有青烟升起，这种油温最适合煎、软炸等。热油，也称为七八成热，油温在220°C左右，此时油面的翻动转向平静，青烟四起并向上冲，这种油可适用于炸、烹、炒、熘等烹调方法。烈油，也称为九十成热，油温在257°C左右，即将到燃点，仅适用于爆炒等，但极少用到。

制作菜肴怎样掌握油温？一般由火力的大小，原料投放的多少以及原料的性质而定。如大火，下料又少，则油温掌握稍低一些；在小火时，油温掌握要稍高一些，不然烹制炒虾仁、炒肉丝、面拖大排一类的菜肴，就会造成原料脱浆、脱糊。如烹制的菜肴，原料很多，油温掌握要略高些。此外，还要根据原料质地的老嫩和形状的大小来灵活掌握油温。油锅加热后，怎样估计油温的高低呢？可用眼观耳闻的简便方法来推知。如果油的表面稳定，无烟，无响声，那么可推知为低油温。如果油面四周各中间翻动，并冒出少量的烟，则属中油温。如果油面中间往外翻动，并有大量青烟，用勺搅动有声响，则可确定为高油温。低油温85°C～120°C，俗称三四成热。中油温120°C～180°C，俗称六成热。高油温一般180°C～240°C，俗称八成热。低油温适用于软炸、滑炒，中油温适用于干炸、酥炸，高油温适用于清炸（如炸鸡、炸鱼）。 掌握好油温还要由原料大小而定。体积大的要用稍低的油温，较长时间的加热，才能使原料受热均匀。家庭烹制菜肴限于条件，一般火力较小，放油量较少，油温升高慢，降低快，因此油温掌握可以略高一二成。

1.根据火力的大小掌握油温

烹制菜肴时，掌握好油温的火候十分重要。该用旺火的不能用文火，该用文火的也不要用急火。油的温度过高、过低对炒出来的菜的香味也有影响。急火，可使油温迅速升高，但极易造成互相粘连散不开或出现焦煳现象。特别是做油炸的菜肴，如油的温度过高，会使所炸的菜肴外焦里不熟；油的温度过低，所炸菜肴挂的浆、糊容易脱散，使菜肴不能酥脆。慢火，原料在火力比较慢、油温低的情况下投入，则会使油温迅速下降，出现脱浆，从而达不到菜肴的要求，故原料下锅时油温应高些。

2.根据投料数量的多少掌握油温

投料数量多，原料下锅时油温可高一些，投料数量少，原料下锅时油温应低一些。油温还应根据原料质地老嫩和形状大小等情况适当掌握。

3.油温的区分

由于各种油的沸点和燃点不一样，有的油加热时能达到300°C左右。人们习惯用“成”表示油温，“一成热”指油温大约为30°C，“两成热”指油温大约为60°C，以此类推。烹饪常用的有四种油温，分别是一二成热（40°C左右）、三四成热（100°C左右）、五六成热（150°C左右）和七八成热（220°C左右）。

传统上观测油温主要有看（油烟、油面波动情况）、听（油中的水分发出的声响）、触（感受油面的温度）以及试（将肉片或大葱放入油中）等4种方法。

(1) 一二成热的油温。也叫冷油温。看：锅中油面平静。听：无声音。触：将手掌放至离油面5厘米处，掌心感觉稍有微热。试：将一段大葱放入油中，几乎无油泡。适用油酥花生、油酥腰果等菜肴的烹制。原料下锅时无反应。

(2) 三四成热的油温。也叫低油温。看：油面比较平静，面上有少许泡沫，无青烟。听：有比较密集的噼啪声，因为油中有极少的水分。触：将手掌放至离油面5厘米处，掌心感觉微热。试：将一段大葱放入油中，其四周会泛起很多小油泡。将一段大葱放入油中，则大葱会立刻沉至锅底，之后会缓慢地浮上来。适用于滑熘，也适用干料涨发，有保鲜嫩、除水分的作用。

(3) 五六成热的油温。也叫中油温。看：油面从锅四周向锅中间翻动，似动未动。听：噼啪声减少，变得没有那么密集，油面泡沫基本消失，搅动时有响声，有少量的青烟。触：将手掌放至离油面5厘米处，掌心感觉较热。试：将肉片放入油中，肉片会沉至锅底，其四周会泛起更多的小油泡，不过肉片很快会浮上来。此油温可谓万能油温。适用于炒、炝、炸等烹制方法。具有酥皮增香，使原料不易碎烂的作用。下料后，水分明显蒸发，蛋白质凝固加快。如果你需要三四成热或者七八成热的油温，可由于判断失误，不小心在五六成热的时候将原料下锅了，将火关小些或者开大些或许还可以挽救。

(4) 七八成热的油温。也叫高油温。看：油面边缘微微向中间波动，冒青烟。听：间隔很久才会发出一两声噼啪声，甚至没有噼啪声，搅动时有响声。触：将手掌放至离油面5厘米处，掌心感觉很热。试：放入肉片，肉片几乎不会沉下去，而且四周会泛起很多油泡。适用于爆和重油炸等方法。具有脆皮和凝结原料表面，使原料不易碎烂的作用。下料时见水即爆，水分蒸发迅速，原料容易脆化。

(5) 九成热以上的油温。油面会冒青烟，而且滚动得比较厉害。这时千万别用手掌测试。烹饪时几乎不使用九成热以上的油。一方面，油的温度太高有起火的危险；另一方面，九成热以上的油中会产生毒素，对身体健康不利。

一般炒菜，放油不太多，只要看锅冒烟，即可将菜下锅翻炒。炸菜肴时，锅内油多，又不好用温度计去测量油的温度，只能通过感观来进行判断。锅里的油加热后，把要炸的食物放入油中，待沉入锅底，再浮上油面时，这时的油温大约是160°C，如果做拔丝菜，如拔丝山药、拔丝白薯、拔丝土豆，用这种油温的油炸比较合适。这时的火应控制住，以能保持油温即可。油加热以后，把食物放入油中，沉在油的中间再浮上油面，这种油的温度大约是170°C。用这种温度的油炸香酥鸡、香酥鸭比较合适，炸出的鸡、鸭，外焦里嫩。炸时，锅下的火也要控制住。

如果把要炸的食物放入油中不沉，这种油的温度大约达 190°C，比较适合炸各种含水分较少的菜肴，如干炸带鱼、干炸黄鱼、干炸里脊。

炒、炸、熘、爆，要求的油温各不一样。

炒菜，油温达到五六成就能下料。下料前，将炒锅旋转，使油布满锅底，翻炒过程要始终用猛火，这样油的高温可使原料迅速受热，表面脱水，腥杂味去掉，菜肴就会味美鲜嫩。

炸制要挂糊，强调外焦里嫩，油温七八成为宜。

▲麻辣小吃

▲炸豆腐

▲香芋煲

而熘菜大部分是油炸再裹包或浇上味，所以油温最好控制在七八成，原料不上浆或上薄浆，加热时间较短为宜，一般油温在四五成为好。

用旺火加热，原料下锅时油温应低一些，因为旺火可使油温迅速升高。如果火力旺，油温高时下入原料，极易导致原料黏结、外焦内生。

用中火加热，原料下锅时油温应高一些，因为中火加热，油温上升较慢。如果在火力不旺、油温低的情况下投入原料，则油温会迅速下降，造成原料脱浆、脱糊。

应视投放原料的多少而决定油温，投放原料量大，油温应高一些，因原料本身的温度会使油温下降，投量越大，油温下降的幅度越大，且回升较慢，故应在油温较高时下入原料。反之，原料量较少，下锅时油温可低一些。

要根据原料的老嫩和形状的大小来决定油温。质地细嫩，形状较小的原料，下锅时油温应低一些，反之，油温则应高一些。

当然，掌握好油温必须综合考虑，灵活掌握，视各种条件合理地控制油温，这样才能烹制出合格的菜肴来。

Method

TASK 2

五、过油的具体方法

根据所使用油的温度不同可分为滑油和走油两种具体方法。

1.滑油

滑油是温油锅对原料加热处理的一种方法。将加工整理或切配成形的食物原料，采用蛋液、湿淀粉包裹（上浆），投入温油锅内加热处理成熟。

滑油又称为划油、拉油，是指用中油量、温油锅，将原料滑散成半成品的一种熟处理方法。多适用于自然形态下或经过刀工处理后形态较小的原料，油温一般在五成热以下。滑油的适用范围较广，鸡、鸭、鱼、虾、猪肉、牛肉、羊肉、兔肉等原料都可用于滑油，原料一般是丝、丁、片、条、粒、块等规格，主要用于烧、烩、煮等烹调方法制作的菜肴，例如水煮鱼片、山菌烧鸡、鱿鱼烩肉丝等。

滑油前，多数原料需要上浆，上浆后，原料与油不直接接触，原料内部的水分不易渗透出来而保持柔滑鲜嫩。一般炒、爆、熘、烩等技法烹调的原料需要滑油，如青椒肉丝、鱼米满仓、爆螺片、芙蓉鱼片。

(1) 滑油的操作过程

铁锅擦净烧热→加入食油→加热三四成热→投入原料滑散成熟→捞出控油备用。

(2) 滑油的操作要领

①铁锅应擦净预热，再注入食油

滑油前一定要将锅洗净，上火烧热，下一手勺油遍布全锅，倒出，再上火注油，这也就是我们常说的热锅凉油，只有这样做，滑油的烹饪原料才不容易粘锅。

②油要洁净

所用植物油要事先上火熬至冒烟凉凉再用，否则，影响成菜的美观和香气，也可避免原料下入时油易溢出锅外，造成失火事故。

③要掌握好油温

油温太高，原料下入易黏结，表皮变得脆硬，失去柔软鲜嫩的特点；油温太低，原料下入易脱浆，显得干瘪。

④要根据原料的质地掌握好油温

比如，同样是熘菜，一个是鸡片，另一个则是鱼片，滑油时，鱼片的油温（五成热）就应高于鸡片（三四成热），因鱼片的水分略高于鸡片。

⑤方法必须正确

因滑油的原料都是丁、丝、片、条较小的原料，故方法必须正确。否则，原料易碎，失去形态。特别是鸡丝、鱼丝这类菜肴会成碎末。正确滑油方法是：当原料下入后，右手持手勺，自右向左划几下，再倒划几下，使原料分开，用力不可过大，否则原料易碎。

（3）滑油的适用范围

①原料质地鲜嫩、加工形状薄小的原料。

②爆炒、滑炒、滑熘等烹调方法制作菜肴，对主料的预熟处理。

2.走油

走油也称为过油、冲油、油促、油炸、拉油等，是指用大油量、热油锅，将原料炸成半制成品的一种熟处理方法。油温在六至八成热，一般适用于形体较大的原料，如厚片、条、块等形体较大的原料。

在走油前，多数原料需经过焯水或蒸汽处理。一般适用于鸡、鸭、鱼、猪肉、牛肉、羊肉、兔肉及蛋品、豆制品等原料，主要用于烧、炖、焖、煨、蒸等烹调方法制作的菜肴，例如家常豆腐、豆瓣鲜鱼以及酥肉、丸子等。

走油前，原料通常都经过挂糊。原料走油时，较高的油温能迅速地蒸发原料表面或内部的水分，使原料达到定型、色美、酥脆或外酥内嫩的效果，以符合烹制的要求。

（1）走油的操作程序

铁锅擦净预热→加入食油→加热五六成以上→投入原料→翻动加热→捞出控油备用。

（2）走油的操作要领

①用油量要宽

油量要宽，应多于烹饪原料3倍以上（以浸没过原料为宜），只有多，才会使其均匀受热、成熟一致。

②须采用急火、高油温（五六成热）

这样做的目的主要是让原料表面迅速变干脱水，是原料表面达到干脆酥松的效果。

③随时翻动原料，确保受热、成熟、颜色均匀一致

油在锅内加热时，与锅接触的油温会高一些，中心的油温会低一些，下面的油温会高一些，而上面油温会低一些，在走油时就必须做到随时翻动原料，确保受热、成熟、颜色均匀一致，否则会造成原料成熟度不一致、有时还会出现上生下煳或中间生四周煳等情况。

④入油时应尽量缩短原料与油面距离，以防油溅烫伤

因烹饪原料表面骤然接受高温，水分汽化迅速逸出而引起热油

▲ 中餐烹调

四处飞溅，容易造成烫伤事故，因此要设法防止。其方法是：入油前应将烹饪原料表面水分揩干。烹饪原料入锅时，尽量缩短其与油面的距离。

⑤注意油温的变化，随时调整火力

视原料情况（数量、形状）掌握用油数量和调控油温，油温高时要及时调小火力或离火、油温低时要把火开大，以确保原料风味特色。

⑥带皮原料，入油时应皮面朝下

这样做的目的主要是可使肉皮受热充分，达到松酥的效果。

⑦挂糊的原料要均匀，并分散入油

挂糊的原料因为糊在加热后会凝固、原料会粘连在一起，分散入油会防止粘连。

(3) 走油的适用范围

①适用加工的原料范围较多，如家畜、家禽、水产品、豆制品及某些蔬菜类等均可。

②可作为油爆、烧、拔丝等烹调方法制作菜肴主料的预熟处理。

(4) 走油应注意的事项

采用过油使原料成为半成品，这与烹调方法的炸制有着很大区别。因此，在运用上要注意下面几个问题。

①根据正式烹调的要求确定成熟度

过油只是对烹饪原料的初步加热，更主要的成熟阶段是正式烹调。正式烹调直接决定菜肴的各种特性，而过油只是为实现这些特性提供间接的服务。因此，过油时不要强求烹饪原料的完全成熟，以免影响菜肴的质量。

②根据成品特点灵活掌握火候

成品菜肴的火候是各个加热环节火候的组合，任何一个加热环节火候掌握不当，都会影响成品菜肴的质感。根据成品特点进行初步热处理，是初步热处理的基本原则。因此，过油时，要根据烹饪原料的质地、成品的质感要求来选择油温及加热时间。

③根据成品要求掌握色泽

进行走油处理时，半成品如需要颜色洁白，则应选取洁净的油脂进行加热处理，且油温不宜过高。为半成品增色也是初步热处理的目的之一，而半成品的色泽要服从于成品菜肴的色泽。走油时，半成品的色泽一般掌握在比成品色泽稍浅一些为宜，因为半成品在正式烹调时还要加热和添加调味品等进一步增色。如半成品色泽过深，烹调时难以调整，将影响菜肴成品的质量。

④半成品不可放置过久

半成品久置不用，会导致半成品品质下降。如半成品吸湿回软，糊中的淀粉脱水变硬、老化、干缩等，均会对菜肴成品的质量造成影响。

3.掌握油温的一般规律

正确鉴别油温后，还需要根据火力的强弱、原料的性质、形状及数量和用油数量的多少等方面，灵活、正确掌握使用油的温度，一般规律是。

(1) 根据火力的强弱灵活掌握油温

在其他条件一定的情况下，火力强，原料下锅时油温可以低一些；火力弱，原料下锅时油温可高一些；火力太强，不能立即调控，应端锅离火。

▲避风塘蒜香小排

(2) 根据加工原料数量的多少掌握油温

在其他条件一定的情况下，投料数量少，油温应低一些；投料数量多，油温应高一些。

(3) 根据用油数量的多少掌握油温

在其他条件一定的情况下，用油数量多，油温可低一些；用油数量少，油温可高一些。

总之，要根据烹调特点、过油目的等，灵活运用掌握油温。

4.过油基本步骤和技巧

(1) 润锅

锅洗净大火烧热后，倒入足量的油，用手晃动锅身让整个锅面吃油后，倒出锅里的油。此做法的目的是让锅面沾满油，避免食材下锅后出现粘锅现象。

(2) 足量的油

往锅里倒入平常2～3倍的油（油要能没过食材），油的数量如果不够，食材下锅的瞬间会导致锅内的油温降低，造成粘锅。

(3) 油温

过油不同于炸。两者的最大区别在于油温，过油的油温不可过高，不要等油热至冒烟再加入食材。锅用油润身后倒入冷油，再次加热至油温升高后，就要把食材依序入锅。

鸡肉、鱼肉的结缔组织少、质地细致，如果温度过高会导致蛋白质变硬，影响口感，建议小火低油温过油才能维持住鲜嫩口感，避免肉质变老形状破碎；牛、羊肉的纤维组织粗，肉质易老，应大火过油。

而上浆的食材因为外面有层粉或糊包裹着，能保护食材的营养和色泽，而且浆糊中的太白粉和蛋清在超过100℃才会完整定型，因此过油温度应稍微高一点，但油温太高也会导致食物出现粘连、表面因失水过多变得干硬缺少鲜嫩口感；油温太低又会导致上浆的食物出现脱浆掉粉等现象，以致外部淀粉糊化，无法成型。

(4) 食材分散入锅

如果把所有的食材一股脑放进锅里，食材会彼此粘成一团，造成受热不均，且容易粘锅；建议把食材分散入锅，下锅后用汤勺或筷子稍搅拌，让食材分散开来。

(5) 过油至七八成熟

过油的食材后续需要二次烹调，因此肉类过油至表面变色、七八分熟即出锅，如果太熟会失去鲜味影响口感；不够熟会导致食材留有异味。

(6) 沥油

过油后的食材出锅后需沥干多余的油分，避免影响后续的烹调。

▲ 宫保虾球

5.滑油和走油的区别

(1) 取料和料型上的区别

滑油取料范围较窄，主要适用一些鲜嫩的鸡、鸭、鱼、虾或猪、牛、羊的一些鲜嫩部位。走油的范围较广，除一些鲜嫩的动物性原料外，豆腐、土豆、茄子等根茎类原料也可以走油。滑油的原料一般加工成较小、较薄、较细的形状，如一些丁、条、丝、片等，这样才能使原料在滑油时快速成熟，保证菜肴滑嫩的口感。走油的原料不需要绝对的加工，一些大型的动物原料及块状也可以用走油的办法，如整鸡、整鱼等，但可以进行一定的刀工处理，如一些较大的块、厚片等。

(2) 用油量和油温上的区别

滑油的油量与原料的比例一般为3∶1，这个比例正好使油浸没原料，能使原料同时受热均匀。滑油的原料，油温一般在三四成热，不能用高油温来滑油，否则，原料在高油温的情况下，原料表面的淀粉会出现糊化凝固，造成原料粘连，还会出现外焦里不熟的现象，失去原料鲜嫩的特点。走油的油量与原料的比例是5∶1，使原料在油锅中有充分翻动的余地，使原料在加热的锅中能不断活动，达到上色一致，成熟一致的要求。走油用的是较高油温的过油办法，一般油温要达到六七成，有的原料还要进行复炸。由于油温较高，能迅速蒸发原料表面或内部的水分，达到定型、定色、酥脆或外酥里嫩的效果。

(3) 用浆、糊和半成品色泽上的区别

滑油原料大多要上浆，它是利用淀粉遇到高温后发生糊化，蛋白质变性凝固，使原料表面披上一层较薄的保护层，保护层的作用是使原料不直接与油接触，使原料内部的水分与营养素不能溢出，从而保持菜肴细嫩柔软。由于滑油的油料清洁干净，加上滑油的油温低，加热时间短，滑油的原料不易上色，所以半成品表面多为白色或本色，有一定的亮度。走油的原料大多不挂糊，直接入热油锅进行炸制成熟或半熟，如整鸡、整鸭、整鱼、大块肉等。少数原料要挂糊，而不能上浆。走油原料根据成品色泽的要求，在炸之前要进行着色处理，走油的原料加热时间长，有的需要复炸，油温又高，所以被炸的半成品表面都有一定的色泽，多数呈金黄色。

任务三 走红

▲ 中餐烹调

一、走红的概念

走红又称为着色、红锅，是指将加工整理或切制成形的食物原料，投入各种有色调味汁中加热，或将原料表面涂抹上某些调味品经过油炸使原料表面着上颜色的加热过程。

二、走红的作用

1.增加或改变原料表面的颜色

如各种家禽、猪肉、蛋品，通过走红能使原料带上浅黄、茶褐、橙红、棕红等颜色。

2.解除异味、增加香味

原料在走红过程中，不是在调味卤汁中加热，就是涂抹上调味品后在油锅内炸制。这样，原料就可在调味品或油温的作用下，可去异味，增加香味。

3.使原料定形、增加美感

原料在走红的过程中，就基本确定了成菜后的外形（如整形或大块原料）；对一些走红后还需要切配的原料，也十分注重其走红时的规格。所以，走红也是决定成菜形态的重要手段。

4.突出菜肴成品的风味特色

走红卤汁的风味，渗透到原料中，从而使原料增加了风味。

5.能缩短菜肴正式烹调的时间

一般大型的原料在制作菜肴时需耗费较多的时间。但经过走红的原料，已事先加热而成熟，能缩短菜肴正式烹调的时间。

三、适用范围

卤汁走红，一般适用于皱皮肘子、红烧全鸡、卤猪手等菜肴的半成品原料的上色。过油走红一般适用于五香烧鸡、虎皮肉、过油肘子、香糟鸡、香糟鸭等菜肴的半成品原料的上色。

四、走红的原则

1.根据菜肴的要求决定原料走红的颜色。各种菜肴有各自的风味特色，因此，原料走红时，要根据菜肴的特点确定卤汁内的糖色或调味品颜色的深浅和用量。对原料表面涂抹饴糖等调味品的厚薄，都要估计到油炸后颜色的深浅程度。

2.控制好原料在走红加热时的熟化程度。原料走红上色时，有一个受热熟化的过程。由于走红还不是正式的烹调阶段，更不是烹调的终结。所以，要尽可能在原料已上色的前提下，结束走红，迅速转入烹调。

3.走红过程中要保持原料的形状完整。原料在走红前，要将鸡、鸭、鹅的形状整理好，并在走红中保持原料形状的完整。

五、走红的注意事项

1.卤汁走红时，先用旺火烧沸，再改用小火加热，使味和色缓缓地浸入原料内部。

2.卤汁走红，要根据菜肴的要求，掌握有色调味品的用量和卤汁与原料的比例。

3.过油走红，要把用于上色的调味品均匀地涂抹在原料表面，要掌握好调味品的稀稠度。另外，过油的油温应控制在六成以上。要掌握好加热时间，以便上色起到好的效果。

4.在走红加热时，要控制好原料的成熟度，以免影响菜肴的质感。

5.保持好烹饪原料形态的完整

鸡、鸭、鹅等禽类烹饪原料，在走红前应整理好形态，在走红时要保持其形态的完整。否则，将直接影响成品菜肴的形态。

六、走红的具体方法

根据传热介质不同，走红可分为卤汁走红法和过油走红法两种。

（一）卤汁走红法

1.定义

卤汁走红就是将经过焯水或过油等方法处理的食物原料，放入锅中，加入鲜汤或水及有色调味品，用小火加热是菜肴原料上色的一种技法。常用有色调味品有糖色、酱油、红曲米。如肘子、生烧大肠、红烧狮子头、灯笼鸡等，有的是先经焯水或走油后，在有色的卤汁中烧上色后，再装碗加原汁，上笼蒸至烂熟成菜的。烹饪原料通过卤汁走红后，表面都能附着一层浅黄或金黄、橙红、棕红等颜色，以满足菜肴色泽的需要。而且原料放入卤汁中加热后既能除去异味，又可增加鲜香味。

2.操作流程

加工整理原料→调配卤汁并加热→放入加工好的原料→继续加热至上色→取出原料。

3.操作要领

(1) 应按成品菜肴的需要，掌握好有色调味品用量比例及卤汁颜色的深浅。

(2) 一般是先急火烧沸，再改用慢火加热，使菜肴原料的着色和入味同步进行。

(3) 根据成品菜肴的需要，严格控制加热时间，把握成熟度，确保菜肴风味。

4.适应范围

多适用于卤制的鸡、鸭、肘子等。

（二）过油走红法

1.定义

过油走红，就是经过加工处理后的原料，在其表面涂抹上料酒或饴糖、酱油、面酱等，再放入油锅，经油炸上色，例如，咸烧白等菜肴的坯料，就是先将带皮猪肋肉刮洗干净，入水锅煮至断生，捞出揩干水汽，涂抹上饴糖或酱油、料酒等有色调味品或经油炸能改变颜色的料，然后放入油锅中加热至原料上色的技法。常用调味品：黄酒、酱油、饴糖、面酱、蜂蜜、糖色、酒酿汁等。

2.操作程序

加工整理原料→表面涂抹调味品风干→锅内注入油脂加热→投入原料加热→取出原料备用。

3.操作要领

(1) 原料表面涂抹调味品要均匀并风干

表面涂抹调味品如果不均匀，原料经过油后会出现“花斑”，即出现有的地方颜色深，有的地方颜色浅或没有上色。

(2) 原料入油时要轻，防止热油飞溅烫伤

过油走红，一般油温都比较高，原料表面由于有一层酱油、糖色、饴糖等物质，这些物质经过高油温油炸都会导致热油四溅，所以下锅时一定要注意安全，必要时需要盖上锅盖，防止烫伤。

(3) 要掌握好油的温度（一般控制在150°C～230°C）

油温过高则出现焦点、焦煳现象，油温过低则原料不着色。

(4) 整只原料要保持形状美观

鸡、鸭、鹅等整只原料在走红前要整理好形状，走红过程中应保持原料形态的完整。

4.适应范围

多适用于鸡、鸭、鱼、肉（方肉、肘子）等。

▲ 川味卤猪蹄

任务四 制汤

中国烹调工艺自古重视制汤技术，在中国悠久的烹饪饮食文化中，汤作为一种特殊的物质，在传统的烹饪技艺中，是制作菜肴的重要辅助原料，是形成菜肴风味特色的重要组成部分。制汤工艺在烹饪实践中历来都很受重视，无论是低档原料还是高档原料，都需要用汤加以调配，味道才能更加鲜美。

在味精没有发明以前，中国菜肴的鲜味主要来自鲜汤提味。虽然现在有了味精、鸡精等许多增鲜剂出现和使用，但与汤的鲜美是有差异的，鲜汤从来没有被放弃，仍然是厨房必备之物。味精等鲜味物质并不能取代汤的作用，只有与汤配合使用才能收到更好的效果。尤其是在制作那些名贵的山珍海味时，仍然要使用高级鲜汤来提味和补味。

汤被历代烹饪大师们奉为调味的“灵魂”，并用它不断地创新出一道道美味佳肴。“无汤不成席”“厨师的汤，唱戏的腔”“要想味道好，定用汤来煲”等，说明了汤的重要性，也说明了汤在烹饪中占有举足轻重的地位。

战国时期的《吕氏春秋·本味篇》中，详细记述了伊尹为“商汤说至味”的主要内容：“夫三群之虫（三类动物），水居者腥，肉玃者臊，草食者羶。臭恶犹美，皆有所以。凡味之本，水最为始。五味（甘、酸、苦、辛、咸），三材（水、木、火），九沸九变，火为之纪。时疾时徐，灭腥去臊除羶，必以其胜，无失其理。调和之事，必以甘、酸、苦、辛、咸。先后多少，其齐甚微，皆有自起。鼎中之变，精妙微纤，口弗能言，志弗能喻。若射御之微，阴阳之化，四时之数。故久而不弊，熟而不烂，甘而不哝，酸而不酷，咸而不减（减损也），辛而不烈，淡而不薄，肥而不𦝸。”这段话充分论述了如何通过火候加热调和调味，为后人加工制作调味用汤提供了充分的理论依据。

羹应该是汤的雏形。先秦时期饮食中的羹是一种肉汁或菜汁，品种颇多。南北朝时期贾思勰的名著《齐民要术》一书中记载有鸡汁、鹅鸭汁、肉汁等，这可说是制汤的初始阶段。至唐代出现所谓羹汤，如王建的诗《新嫁娘》，其中有“三日入厨下，洗手作羹汤”之句。羹汤是由羹演变而来，是一种有菜料、有汤汁的汤菜。元朝忽思慧的《饮膳正要》中有多种汤菜，如八儿不汤、鹿头汤、松黄汤、阿菜汤、黄汤等，都是以羊肉为主料制取的。此外，还有团鱼汤、熊汤等多款汤菜。清代的烹饪著作《调鼎集》记载有虾仁汤、神仙汤、九丝汤、鲟鱼汤、蛤蜊鲫鱼汤、玉兰片瑶柱汤等。以

▲ 中餐烹调

上所述是汤菜的形成与发展过程。至于鲜汤提清之术，古代即有记载。如宋元时期有提清汁法，是将生虾加酱捣成泥加入汁汤中，使汤锅从一面沸起，撇去浮沫及渣滓，如此提清数轮至鲜汤澄清。明代有用浸泡鲜肉溶出的血水提取清汤的方法。也有取竹笋、瓜瓠、鸡、鱼、猪肉等分煮再合而过滤，澄清后即为荤素鲜汤。还有用蔗秆段、笋、瓜瓠等一起煮制的素汤。清代制作鲜汤的原料荤汤取畜类禽类，素汤则多取黄豆芽、黄豆、蚕豆、冬笋、菌菇类等。现代鲜汤提清则多利用鸡肉茸、精肉茸、牛肉茸等为吸附物料。

▲ 金汤菌皇烩鱼肚

Soup

TASK 4

一、制汤的概念

制汤，又称汤锅、熬汤、煲汤、煮汤等，就是把富含蛋白质、脂肪、核酸及有机酸等新鲜可溶性的动植物原料置于多量水中，通过较长时间加热使原料内营养成分和鲜味物质充分溶解水中，在水中长时间加热水解，取其鲜味物质制成鲜汁的工艺过程。汤味道鲜美，营养丰富，这种汤常以鲜汤名之。是用于烹制菜肴的鲜味调味液和制作汤菜的底汤。汤料的营养成分以蛋白质、脂肪为主，而汤料所含鲜味物质则颇为复杂，有谷氨酸、乌苷酸、肌苷酸、酰胺等40余种。不同物料所含的呈鲜物质的主要成分各不相同，如母鸡含谷氨酸多，猪肉、火腿则含多量的肌苷酸等。

▲ 鸡汤老豆腐

制汤的原料中应富含鲜味成分，如核苷酸、氨基酸、酰胺、三甲基胺、肽、有机酸等。

二、烹饪中制汤常用原料

烹饪中制汤常用的原料主要有猪腿骨、老母鸡、老公鸭、猪肚、火腿、猪肘子、鸡脯肉、猪蹄、里脊肉、笋、菌类、黄豆芽等。

在原料的选用上，应注意以下几点。

1.原料的选用及初步加工

必须选用异味小、血污少、新鲜的原料。所用原料一定要新鲜，否则原料中的异味将被一起带入汤中，影响汤的质量。制汤的原料必须经过初步加工处理，以除去原料上的污物和尾上腺，避免制成汤后出现异味。在动物性原料中，牛肉、羊肉因含有多量的低分子挥发性脂肪酸，从而带有特殊的气味，因此，除非用于烹制牛肉、羊肉菜肴，烹饪中一般不选用牛、羊肉作为制汤的原料；鱼肉中含有谷氨酸、肌苷酸、琥珀酸、氧化三甲胺，滋味非常鲜美，但是其放置时间稍久，氧化三甲胺在还原为气味浓烈的三甲胺的同时还会分解出一些有腥味的有机化合物，因此除了鱼类菜肴可以使用鲜鱼汤外，其他菜肴一般不用鱼汤。

2.必须选用富含鲜味成分的原料

制汤的原料中应富含鲜味成分，如核苷酸、氨基酸、酰胺、三甲基胺、肽、有机酸等。这些成分在动物性原料中含量最为丰富，所以制作鲜汤的原料应当以动物性原料为主。在动物性原料中，首选原料是肥壮老母鸡，并以“土鸡”为好。鸭子应选用肥壮的老母鸭，但不宜选择太老的鸭子。也不宜选用嫩鸭和瘦鸭。猪瘦肉、猪肘子、猪骨头，一般宜从肥壮阉猪身上选用，不宜选用种猪肉。在选择火腿、板鸭时，以选用色正味纯的火腿和板鸭为好。冬笋、香菇、竹笋、鞭笋、黄豆芽等都是制作素菜汤的理想原料。

3.不同性质的汤，选料不同

制作奶汤的原料需要含有丰富的动物性蛋白质，还要有一定的脂肪，这是奶汤变白的一个重要原因，因为脂肪是能产生乳化作用的物质，也就是说要有一定量的骨骼原料，要有含有一定量的胶原蛋白的原料，使奶汤浓稠，增加味感和辅助乳化作用，使水油均匀混合。

制作清汤原料一定要选择陈年的老母鸡，保证清汤充足的鲜味，所选原料不能含有过多的脂肪，防止使清汤变色；要选用含胶原蛋白少的原料，避免汤汁混浊。

三、汤汁中的呈鲜物质

汤汁以鲜为主，其主要呈鲜物质主要有以下3类。

(1) 蛋白质类：包括谷氨酸、甘氨酸、精氨酸、天门东氨酸和某些肽等。

(2) 核酸类：包括肌苷酸、鸟苷酸、黄苷酸等。

(3) 有机酸类：包括琥珀酸和某些脂肪酸等。

这些物质溶解于水中，从而使汤汁鲜美。

四、汤的分类

1.按原料性质可分为：荤汤、素汤

荤汤：高级清汤（三合汤）、鸡清汤、肉白汤、鱼白汤、海鲜汤等。

素汤：豆芽汤、鲜笋汤、菌汤。

2.按汤的味型分为：单一味、复合味

有单一味和复合味两种，单一味汤是一种原料制作而成的汤，如鲫鱼汤、排骨汤等；复合味汤是指两种以上原料制作而成的汤，如猪骨鲜笋汤、蘑菇鸡汤等。

3.按汤的口味分为：咸汤、甜汤

咸汤：以盐为重要调味品，主要是以咸味为主。

甜汤：以糖或其他甜味剂为重要调味品，主要是以甜

味为主。

4.按汤的色泽分为：清汤、白汤

清汤：口味清醇，汤清见底；又分为普通清汤、高级清汤。

白汤：口味浓厚，汤色乳白；又分为普通白汤、浓白汤。

5.按制汤的工艺方法可分为：单吊汤、双吊汤、三吊汤等

单吊汤就是一次性制作完成的汤；双吊汤就是在单吊汤的基础上进一步提纯，使汤汁变清，汤汁变浓；三吊汤则是在双吊汤的基础上再次提纯，形成清汤见底、汤味醇美的高汤。

汤的品种虽然很多，但它们之间并不是绝对独立的，而是有一定的联系或互相重叠。

五、制汤的具体方法

1.白汤

白汤也称为奶汤，根据用料、制作工艺和成品质量，白汤有普通白汤和浓白汤之分。

(1) 普通白汤

也称为一般白汤，俗称“毛汤”或“次汤”。

普通白汤属于复合味汤，一般是用鸡、鸭骨架、猪骨、火腿骨等几种原料，经焯水洗涤干净后，放入锅中，加适量的清水，葱、姜、黄酒等，采用急火或中火煮炖至汤体呈乳白色除净浮沫过滤即成。

普通白汤的主要特点是：用料普通、操作简单、易于掌握、鲜味一般，多用于烹制一般菜品。

(2) 浓白汤

浓白汤也称为高级奶汤。采用鸡、鸭、猪蹄髈、猪爪、猪骨（最好是棒骨砸断）、腊肉、白肉的原料。经焯水洗涤干净后，放入锅中，加足清水急火烧沸除净浮沫，再加上葱、姜、黄酒等，继续急火或中火加热至汤汁浓稠且呈乳白色取出原料，清除渣滓即成，一般来说，5千克料制7.5千克汤左右为宜。

浓白汤的主要特点：用料讲究、汤体浓稠乳白、鲜味醇厚，多用于奶汤一类菜品的制作。

2.清汤

根据用料、制作工艺及成品质量不同，清汤有普通清汤和高级清汤之分。

(1) 普通清汤

普通清汤也称为一般清汤、次汤、毛汤。采用鸡、鸭骨架、翅膀、猪蹄髈等原料，经焯水洗涤干净后，随冷水一同

▲一品绍三鲜

▲ 中餐烹调

下锅，急火加热至沸腾，除净浮沫，放入葱、姜、黄酒，改用慢火长时间加热，不能使汤面沸腾，使原料中的蛋白质等营养成分及呈现物质充分溶于汤中，再除净表面浮沫及油分即成。

普通清汤的特点：汤汁稀薄、清澈度差、鲜味一般，多用于普通菜肴的制作和制作高级清汤的基础汁液。

(2) 高级清汤

高级清汤也称为高汤、上汤、顶汤。

高级清汤是在一般清汤的基础上，进一步提炼而成的，行业中称为“吊汤”。具体方法如下：

将鸡肉与适量的葱、姜，加工成茸泥状，放入盛器内，加入适量的黄酒和一般凉清汤搅匀成馅备用。将一般清汤沉淀、过滤、除净渣状物，放入汤锅内，随即加入调好的鸡馅，边加热边用手勺顺同一方向不停地慢慢搅动，待汤将沸时，鸡茸泥浮在汤面时，改用小火或使汤锅半离火源，不能使汤面翻滚。此时停止搅动，撇净浮沫及油分，用漏勺慢慢捞起鸡茸泥，使用手勺挤压出汤汁成饼状，再慢慢托放入汤中，以使其中的蛋白质等成分及鲜汁充分溶于汤中，然后去掉鸡茸泥，除渣保持一定温度即成。

如果要制作质量更高的清汤，可采用上述同样方法吊制第二次、第三次。总之，吊制的次数越多，汤味愈加鲜醇，汤更加清澈。

六、吊汤目的

在吊汤的过程中，采用鸡等原料的茸泥物进行吊制，最大限度地提高汤汁的鲜味和浓度，使口味更加鲜醇，同时利用茸泥料的助凝作用，吸附汤液中的悬浮物，使汤汁更加清澈。

七、吊汤的关键

1.严格选料，保证质量

汤的质量优劣，首先受汤料质量好坏的影响。制汤原料应选用鲜味浓厚的动物性原料，要求富含鲜味成分、胶原蛋白，含有适量脂肪，无腥膻异味等。因此，选料时应选用鲜活的鲜味浓厚的原料，如猪肉、牛肉、鸡、口蘑、黄豆芽等。多以母鸡为主要原料。因为母鸡肌肉组织所含的浓厚鲜味，及丰富的蛋白质、脂肪、糖类、维生素及无机盐等是其他原料所不及的。但是，用做煮汤的母鸡应该有所选择，必须是宰杀后体重在1.5千克以上的老母鸡，越老越好。以鸡为主，再配以瘦猪肉、火腿、鸭子、肘子、脚爪、骨头、骨架等肉类原料。不用有异味的、不新鲜的，尤其是鱼类。不用易使汤汁变色的香料，如八角、桂皮、香菇、花椒等。

2.冷水下料，一次加足

吊汤的原料以大块整只为宜，与冷水同时下锅，一次加足水量，中途不能加水。冷水下料逐步升温，可使汤料中的浸出物，在原料表面受热凝固收缩之前，就大量地进入原料周围的水中，并逐步形成较多的毛细通道，从而提高汤汁的鲜味程度。若直接放入沸水锅，会使原料的表面骤受高温，表层蛋白质容易变性凝固，组织紧缩，呈鲜物质不能大量溶于汤中，汤汁不易达到鲜醇的程度。同样，水量一次加足，可使原料在煮制过程中受热均衡，以保证原料与汤汁进行物质交换的毛细通道畅通，便于浸出物从原料中持续不断地溶出。中途加水，尤其是加凉水，会打破原来物质交换的均衡状态，减少物质交换的速度，从而降低汤汁的鲜味程度。也不能先加入盐，因为盐具有渗透作用，能渗透原料内部，排出原料内的水分，同时使蛋白质凝固，汤汁不浓，鲜味不足。所以，原料要在冷水下锅后，加热烧沸，撇去浮沫，加葱、姜、料酒即可熬制，最后加盐。

3.旺火烧开，小火保持微沸

和烹制菜肴一样，吊汤也要掌握好火候。清汤和奶汤，要用两种不同的火候。奶汤的火候，先旺后中，汤面始终保持沸腾的状态，直至汤汁呈乳白色，并以较高浓度为准。但要注意防止原料粘锅底，产生不良味道，破坏了汤汁；若火力不足，会使汤汁不浓，黏性较差，滋味不美，失掉奶汤特色。在适当的火候下，要开锅熬制两个小时左右。这种鲜汤，大多用于烹制白汤菜肴，如煨、焖、煮等技法，也可用于烧、扒等菜肴的调味。清汤的火候，则是先旺后小，在汤汁煮沸后，立即改用小火，保持汤面微开，呈翻小泡状态，行话叫作冒"菊花心"泡。但火力又不能过小，过小不冒泡，原料内含有的蛋白质等物质也不容易溢出，影响汤汁鲜味和质量。相反，火力也不能过大，大了汤面沸腾，汤色就会变为浓白，失掉清汤澄清的特色。清汤熬制时间也比奶汤长得多，一般要盖锅熬四小时以上。熬制以后，再用细白纱布过滤，除去渣滓，即成鲜醇、澄清的汤汁。

4.除腥增鲜，注意调味品投放

汤料中鸡、肉等，虽富含鲜香成分，但仍有不同程度的异味。制汤时必须除去异味，增加香味。因此，汤料在正式制汤前，应该焯水洗净。有时放葱、姜和料酒等祛除异味。要注意调味品的投放顺序。煮制清汤时有的用葱头、胡萝卜、芹菜等，这些蔬菜都有一些挥发油和香气成分，为了避免这些挥发成分过早挥发掉，影响汤的风味，应在清汤煮好前1小时放入。食盐的投放需要特别注意。制汤过程中最好不要放盐，因为盐是强电解质，一旦进入汤中便会全部电离成氯离子和钠离子，氯离子和钠离子都能促进蛋白质的凝固，影响热的传递，妨碍浸出物的溶出等，对制汤不利，还能使汤变浑浊。

5.素汤

素汤是制作素菜常用的汤。一般是选用豆芽、鲜笋、冬菇、口蘑等植物性原料制成，操作方法简单，具体方法是将原料洗涤干净加清水、葱、姜，加热至鲜味溶于水中去掉原料即可。

根据用料不同有豆芽汤、鲜笋汤、菌汤等。

制汤的原料与加水量的比例一般以1∶1.5为宜。

八、汤汁形成的原理

1.荤白汤

所用原料为鸡、鸭、鱼、猪骨、猪蹄髈、白肉、腊肉等富含胶原蛋白、脂肪及磷脂的动物性原料。特点是汤色洁白、汤汁醇厚、营养较丰富。

在加热过程中，随着温度的升高，原料中的胶原蛋白、脂类、无机精盐、维生素溢出形成鲜美的汤汁。在加热过程原料中的血红蛋白析出后，吸附周围的污物与杂质变性凝固，变性后的血红蛋白由于体积变大，比重变轻而上浮汤面，此时，用手勺撇去这些浮沫可起到清汤的作用。此即为

▲ 中餐烹调

▲ 中餐烹调

浮沫的形成。

汤体在急火或中火加热过程中不断振动，使脂肪分子被撞击成许多小油滴而分散于汤中。肉皮和汤中的胶原蛋白在不停的振荡下，首先螺旋状结构被破坏，接着发生不完全水解形成明胶。明胶溶于汤中，是一种亲水性很强的乳化剂，在汤中它与磷脂共同起着乳化作用。明胶分子与磷脂分子上的非极性基团伸向油滴，将油滴包裹在里面，阻止了油滴的聚集，使汤汁成为油、水、胶三相结合的分散体系。而明胶与磷脂另一端大量的亲水基团及水结合，使这个分散体系十分稳定。因此，白汤在静止后不会随时间的延伸而改变色泽。在这个分散体系中，油稳定地分散在汤水中。这种水包油型的脂肪滴（或称油滴）在光线的折射中，颜色是乳白色的，像牛奶一样，这就是白汤的成因。

2.荤清汤

所用原料为老母鸡、猪肘、鸡鸭骨架等含蛋白质、核酸及有机酸丰富、脂肪含量较低的动物性原料。特点是汤色微黄、清澈见底、味道鲜醇、营养丰富。

原料放入水锅中，先急火烧开，随即改为小火加热，使汤热而不滚、似开非开，随着加热时间的延长，原料中的含氮浸出物慢慢析出溶入水中，味道会越来越浓，由于采用小火加热，汤体始终保持平静状态，因此，水对原料的撞击力很小，这样胶原蛋白分解明胶就少了许多，磷脂也不能充分析出，从而在汤中丧失了乳化的条件。在这种汤汁体系中，融化了的油脂因比重轻而浮于汤面，并且由于油脂本身表面张力与水不同而聚集在一起。此时将汤面油脂撇净就可制得清汤。

3.素清汤

将黄豆芽、鲜笋的老头、扁尖笋、鲜蘑菇、白萝卜、胡萝卜、美芹、葱、姜等原料洗净，但鲜蘑菇、扁尖笋要焯水后再洗净；然后各种原料0.5千克，加清水1千克，旺火烧开后放适量葱、姜，转小火烧煮3～4小时，即成清汤。此汤可用于高档素菜肴：清汤银耳、扣素三丝、燕窝鸽蛋、丝瓜白玉汤等。

4.素浓汤

将素清汤的渣，再加洗净的香菇根、黄豆芽加油炒透后加清水一起下锅，用旺火烧开，撇去浮沫，煮3～4小时，即成奶白色浓汤。此汤可用于烧烤麸、烧素鸡、烩汤、羹类菜肴。

任务五 汽蒸

关于“蒸”的历史，据考证最早可追溯到炎黄时代。蒸的工艺相对于其他烹饪，更能保持食物营养和原汁原味，是一种健康的饮食方式。

蒸的产生，使中国烹饪对火的利用、对水的利用达到了一个很高的境界，巧妙地远离水、火，却又完成了能量的转换。靠蒸汽加热，不但达到了熟物的目的，而且蒸制之法，最大限度地保留了原料的固有形态，对中国烹饪的发展产生了极大的作用，尤其是对中国烹饪的面食制作，对中国形成以谷物为主的膳食结构更是居功至伟。因为蒸和煮使原本十分单调的火上燔谷、石上燔谷的谷物制作技术变得多样，使谷物原本并不可口的口感变成松、暄、软、润、滑，使之成为利于消化、利于吸收的美味。由于蒸的发明和利用，使发酵技术得以新的发展，发酵的面团因蒸制演变出了多种的花样，发酵的原粮经蒸制也更利于酒、醋、酱油等饮料和调味品的制作。

蒸的发明应该是和煮的发明基本同步的，在多个文化遗址出土的陶器中，用于煮的鼎、鬲和甑都是在一个层面上，无法将煮与蒸从炊具产生的时间上加以划分。但蒸又的确与煮有着渊源的关系，可以这样推测，当古人运用石烹之法时，有可能将某些原料在沸腾的水面进行熏蒸，而改变其口感。就像近火的烧烤会衍生出远离火苗、靠热辐射成熟原料的炙一样。这样，在有了陶器之后，产生出用于煮的鼎、鬲，用于蒸的甑，并有了鬲、甑结合的甗。

蒸菜对原料要求极为苛刻，任何不鲜不洁的菜，蒸制出来都将暴露无遗。因此蒸菜对原料的形态和质地要求严格，原料必须新鲜，气味纯正。原料以蒸汽为传热介质加热制熟，不同于其他技法以油、水、火为传热介质。蒸菜原料内外的汁液不像其他加热方式那样大量挥发，鲜味物质保留在菜肴中营养成分不受破坏，香气不流失，不需要翻动即可加热成菜，充分保持了菜肴的形状完整，

通常，对于蒸，火候的掌握非常重要。蒸得过老、过生都不行。经过调味后的食品原料放在器皿中，再置入蒸笼利用蒸汽使其成熟，根据食品原料的不同，可分为猛火蒸、中火蒸和慢火蒸三种。一般来讲，蒸时要用强火，但精细材料要使用中火或小火。

现代化手段的“蒸”制手段，已经能够通过人为控制，蒸汽压可以调控。蒸炖温度控制在100°C，保温温度为80°C。蒸饭用蒸锅蒸制25分钟或在蒸汽柜中蒸制12分钟，而汤需要35分钟。加热过程中水分充足，湿度达到饱和，成熟后的原料质地细嫩，口感软滑。蒸类菜肴，用料广泛，多选用质地老韧的动物性原料以及质地细嫩或精细加工后的茸泥原料，涨发后的干货原料，如鸡、鸭、牛肉、海参、鲍鱼、鱼、虾、蟹、豆腐和各种鱼虾原料茸泥等。原料的形状多似整只、厚片、大块、粗条为主。

一、汽蒸的概念和分类

汽蒸是在封闭状态下加热，有较高的技术性。为保证汽蒸后的半成品原料符合烹制菜肴的要求，必须掌握好原料的性质、蒸制后的质感、火力的大小和蒸制时间的长短等方面的技术。

▲ 粉蒸肉

▲ 中餐烹调

汽蒸多适用于体积较大，韧性较强，结构组织紧密，不易熟烂且带有较轻异味的原料，如山药、母鸡、肘子、鱼翅等。

蒸是烹饪方法的一种，指把经过调味后的食品原料放在器皿中，再置入蒸笼利用蒸汽使其成熟的过程。

根据食品原料的不同，可分为猛火蒸、中火蒸和慢火蒸三种。如“蒸鱼”“蒸蛋”等。

根据火力大小可分为：旺火沸水长时间蒸制和中小火沸水徐缓蒸制法。前者多用于干料涨发，后者多适用于不耐高温、细嫩易熟的原料，如蛋白糕、蛋黄糕、鸡蛋等的蒸制。

根据蒸汽压力可分为：放汽蒸、原汽蒸、高压汽蒸，放汽蒸的温度在90°C左右，“放汽蒸”就是蒸制的时候虽然加盖但不能盖严，留有一条缝隙，当笼屉内汽量过足过猛时，部分蒸汽就会从缝隙中逸出散发，锅内汽压与外界相近，减少了对菜品的冲击，避免破坏菜形。

按烹调技法可分为：清蒸、粉蒸、扣蒸、包蒸、糟蒸、花色蒸、果盅蒸。

二、汽蒸的作用

1.可保持烹饪原料的形态

烹饪原料经加工后放入蒸锅，在封闭状态下加热，无翻动、无较大冲击，所以半成品可保持入蒸锅时的原有状态（可根据烹调菜肴的需求定型）。

2.可以保持烹饪原料的原汁、原味和营养成分

汽蒸是在温度适中的环境中进行的初步热处理，整个加热过程中不存在过高的温度，使用2个大气压力（202. 65kPa）的水蒸汽，温度也仅在120°C左右，所以，能避免烹饪原料中的营养素在高温缺水状态下遭受破坏。这种热处理还不会导致脂溶性、水溶性营养素及呈味物质的流失，使烹饪原料具有较佳的呈味效果。

3.能缩短正式烹调时间

烹饪原料通过汽蒸可基本或接近成熟。如“香酥鸡”，通过汽蒸使鸡达到软烂脱骨而不失其形的标准，在正式加热时只需将鸡的表面炸酥脆即可。许多原料在汽蒸作用下已成为半熟、刚熟或成熟的半成品，这样可以大大缩短正式烹调时间。

4.有利于干货原料的涨发

一些干货原料，要通过汽蒸来提高涨的效率，如干贝、鱼翅、熊掌、蛤士蟆、猴头菇等，汽蒸的温度高，涨发快。

三、汽蒸的具体方法

（一）根据汽量和原料蒸制后应具备质感，通常分为：急火大汽量速蒸、中火中汽量长时间蒸、慢火小汽量徐徐蒸、微火微汽量保温蒸

1.急火大汽量速蒸

设备先充满蒸汽→放入原料→大汽量加热断生→取出

原料备用。

2.中火中汽量长时间蒸

设备先充满蒸汽→放入原料→中汽量加热使原料酥烂→取出原料备用。

3.慢火小汽量徐徐蒸

设备内放入原料→小汽量缓缓加热成熟→取出原料备用。

4.微火微汽量保温蒸

设备内放入原料→微汽量保持一定温度→使用时取出原料。

(二)根据原料的性质和蒸后质感的不同，汽蒸分为旺火沸水长时间蒸制法和中火沸水徐缓蒸制法

1.旺火沸水长时间蒸制法

此是用旺火加热至水沸腾，经过较长时间的蒸制，将原料制成软熟的半成品的方法。具体操作过程是：先把锅内加入足量的水，用旺火加热至沸腾，再把加工整理好的原料置笼中加热蒸制，蒸至所需成熟度后出笼备用。质地嫩的原料仅需8～15分钟。

2.中火沸水徐缓蒸制法

此是指用旺火加热至水沸腾，再用中火徐缓地将原料蒸制成所需要的半成品的一种方法。具体操作过程是：先把锅内加入足量水，用旺火加热至水沸腾，再把加工整理好的原料置入笼中，用中火加热、蒸至所需成熟度后出笼备用。原料形体大，质地老，成菜要求酥烂（2～3小时）。原料质地较嫩，或经过较细致的加工，要求保持鲜嫩或塑就形态。

蒸制时要求火力适当，水量充足，蒸汽冲力平稳，才能保证半成品符合烹调要求。

(三)根据蒸汽的使用方法分类

1.足汽蒸

将加工好的生料或经过前期热处理的半成品摆盛于盘中，加调味品入蒸锅或蒸箱中，蒸至需要的成熟度，其间要盖严笼盖，不可漏汽，控制好时间，蒸至需要的成熟度再开锅。足汽蒸法对于食材是有要求的，一般都是需要选用新鲜的动、植物食材，进行相应刀工处理，放饱和蒸汽中加热到成熟。足汽蒸的加热时间应根据原料的老嫩程度和成品的要求来控制，要求“嫩”，则时间应控制在8～15分钟；要求“烂”，则时间控制在1.5小时内。

使用这种方式蒸制时，严禁在蒸制期间开锅，一定得盖严笼盖，不能漏气。像蒸鸡、肉、鸭、南瓜这一类新鲜的肉质食品，最好使用足汽蒸法。因为这一类菜品最重要的就是要保证鲜嫩，而足汽蒸法完全能够满足。

还有就是要正确地使用火候，小火、中火、大火要合理使用。这是蒸制菜肴成功的关键。不同的菜肴，要求使用不同的火力和时间来加热。

2.放汽蒸

放汽蒸法，通俗地理解，就是不需要那么多水蒸汽，需要放掉一部分水蒸汽。这一种蒸法也是根据食材的性质和菜品的不同来要求的，不同时段需要放汽。通常有三种方法：开始放汽、中途放汽、即将成熟时放汽。

通常是以极嫩的茸泥、蛋类为原料，原料经加工成茸泥后放入笼中蒸制成熟，在此过程中不必盖严盖。此种成菜方法，根据原料的性质和菜品的不同要求，要在不同时段放汽。例如，蒸鸡蛋羹的时间就不能过长，汽也不能足，先用中火慢蒸，待锅中的水沸腾产生蒸汽充足时就要放汽。这一种方法，在蒸制菜肴的过程中，食材不宜与调味品相结合。当水蒸汽饱和时，菜肴本身的汁液很难渗出，调味品非常难以进入到食材中，到时食材里面没有味道，外面味儿又太重。所以，做这一类蒸菜主要依靠加热前的调味，而且要一次调准。

放汽蒸的温度在90℃左右，“放汽蒸”就是蒸制的时候虽然加盖但不能盖严，留有一条缝隙，当笼屉内汽量过足过猛时，部分蒸汽就会从缝隙中逸出散发，锅内气压与外界相近，减少了对菜品的冲击，避免破坏菜形。

(四)根据蒸制菜品的具体方法及风味特色分类

1.清蒸

将主料加工整理后加入调味品，或再加入汤（或水）放入器皿中，使之加热成熟。

原料的选择及加工：清蒸菜肴的原料要求是新鲜的，

▲清蒸蟹

如鸡、猪肉、海鲜等。初加工时必须将原料清洗干净，清蒸前一般要进行焯水处理。对于大块原料，清蒸时采用旺火沸水长时间蒸制；而对于丝、丁等小体积原料，则采用旺火沸水迅速蒸的方法。

调味：清蒸菜肴的味型以咸鲜味为主，常用的调味品有精盐、味精、胡椒粉、姜、葱等，调味以轻淡为佳。

装盘：清蒸菜肴的装盘分为明定盘和暗定盘两种。明定盘是指将原料按一定形态顺序装盘，蒸制后原器皿上桌；暗定盘则要求换盘后再上桌。

成菜特点：此类蒸法的菜具有呈原色、汤汁清澈、质地细嫩软熟的特点。

2.粉蒸

将加工好的原料用炒好的米粉及其他调味品拌匀，而后放入器皿中码好，用蒸汽加热成软熟滋糯。

原料的选择加工：粉蒸通常选用质地老韧无筋、鲜活味足、肥瘦相间或质地细嫩无筋、易成熟的原料，如鸡、鱼、肉类和根茎、豆类蔬菜等。原料的成形多以片、块、条为主。

调味：粉蒸菜肴要求先进行调味，经腌制入味后的原料，蒸制时才能取到良好的效果。粉蒸菜肴的味型常有咸鲜味、五香味、家常味、麻辣味、咸甜味。拌制过程中所需要的米粉，一般是将籼米炒至微黄，晾干研磨成粉面。拌制的干稀程度也应根据原料的老嫩程度和肥瘦比例灵活掌握。

装盘：粉蒸原料在摆放时应当疏松，相互之间不能压实压紧，否则影响菜肴的质量。质感细嫩松软的菜品，用旺火沸水速蒸；质地软烂不散的菜品，用旺火沸水长时间蒸。

成菜特点：呈金黄色，味醇香，油而不腻。

3.旱蒸

又称扣蒸，原料只加调味品不加汤汁，有的器皿还要加盖或封口。

原料的选择加工：旱蒸菜肴大多采用新鲜无异味、易熟、质感软嫩的原料，如鸡、鸭、鱼、虾、猪肉、蔬菜、水果等。

调味：大多数为咸鲜味，蒸制成菜后，还应调味或辅助调味。

装盘：利用旱蒸方法成菜，有的直接翻扣入盘、碟等器皿上菜，如“龙眼烧甜白”；有的要加汤后上菜，如“芝麻肘子”；有的要挂汁后上菜，如“白汁鸡糕”；有的要淋味汁或配味碟上菜，如“姜汁目鱼”。

成菜特点：形态完整，原汁原味，鲜嫩可口。

4.包蒸

用菜叶、荷叶包上调味后的原料蒸制，有的外面再用玻

▲ 中餐烹调

▲ 蒜茸蒸三素

▲ 蒸笨鸡蛋

蒸菜主要依靠加热前的调味，而且要一次调准。

▲ 农家蛋蒸拆骨鲈鱼

璃纸包好才上笼。

5.酿蒸

酿蒸即在原料表面涂贴鱼茸、虾茸、鸡茸等，涂成各种形状、色彩，或在食物中塞入各种焰心，放入盆、碗中上笼蒸制。蒸熟后仍保持原有色彩、味道。

6.造型蒸

造型蒸即将原料加工成茸后，拌入调味品和凝固物质，如蛋清、淀粉、琼脂等，做成各种形态，装在模具内上笼蒸制，蒸熟后成为固体造型。

四、汽蒸应注意的事项

1.注意与其他初步热处理方法的配合

许多烹饪原料在汽蒸处理前还要进行其他方式的热处理，如过油、焯水、走红等。各个初步热处理环节都应按要求进行，以确保每一道工序都符合要求。

2.注意调味要适当

汽蒸属于半成品加工，必须进行加热前的调味。但调味时必须给正式调味留有余地，以免口重。调味分为基础味和补充味，基础味是在蒸制前使原料入味，浸渍入味的时间要长，且不能用辛辣味重的调味品，否则会抑制原料本身的鲜味。补味是蒸熟后加入芡汁，芡汁要咸谈适宜，不可太浓。在蒸制菜肴的过程中，原料不宜与调味品相结合，尤其当笼中气体饱和时，菜肴本身的汁液不易渗出，调味品更难以进入原料中。所以，蒸菜主要依靠加热前的调味，而且要一次调准。

3.要防止烹饪原料间互相串味

多种烹饪原料同时采用汽蒸时，要防止汤汁的污染和串味。烹饪原料不同、半成品不同，所表现出的色、香、味也不相同。因此，汽蒸时要选择最佳的方式合理放置烹饪原料，防止串味、串色。味道独特、易串色的烹饪原料应单独处理。

4.注意原料的选择

原料要新鲜，因为蒸制时原料中的蛋白质不易溶解于水中，调味品也不易渗透到原料中，故而最大限度地保持了原汁原味。因此必须选用新鲜原料，否则口味会受影响。

▲葱油蒸石斑

5.准确控制加热时间，恰当掌握成熟度

要根据原料的质地和火候的大小，准确地掌握好蒸制的时间，保证菜肴达到标准要求。对于质地较老的原料，要小火长时间蒸制；对于细嫩的原料，要大火快速蒸制，以保持菜肴的鲜嫩程度。

6.适当控制气量，确保风味特色

（1）汤水少的菜肴放在上面，汤水多的应放在下面，这样拿取比较方便，不易造成烫伤事故。

（2）色浅的菜肴应放在上面，深色的放在下面，这样放置的目的是上面菜肴的汤汁溢出时，不至于影响下面菜肴的颜色。

（3）不易熟的菜肴应放在上面，易熟的放在下面。因为热气向上，上层蒸汽的热量高于下层。

（4）一定要在锅内水沸后再将原料入锅蒸。

（5）上火加温的时间，一般比规定时间少2～3分钟，停火后不马上出锅，利用余温虚蒸一会儿。

7.掌握好火候

火候即加热时所采用的火力的大小和时间的长短，应根据原料的质地老嫩、体积大小、分量多少等需求，掌握住汽蒸的火力大小和时间长短。出笼早，原料未熟；出笼迟，原料过于酥烂。正确使用火候，是蒸制菜肴成功的关键。不同的菜肴，要求使用不同的火力和时间来加热。一般而言，质地要求鲜嫩的菜肴，多用旺火、足汽、速蒸，加热时间5～20分钟不等，以断生为度；质地较老、体形大而又需要蒸得酥烂的菜肴，需要旺火沸水蒸制1～4小时不等；原料质地较嫩，或经过较细致的加工，要求保持鲜嫩的质感或完整形态的，则最好用中等小火沸水慢慢蒸。

用旺火沸水速蒸，适用于质嫩的原料，如鱼类、蔬菜类等，时间为15分钟左右。对质地粗老，要求蒸得酥烂的原料，应采用旺火沸水长时间蒸，如香酥鸭、粉蒸肉等。原料鲜嫩的菜肴，如蛋类等应采用中火、小火慢慢蒸。

8.注意装笼的顺序

对于有汤汁和无汤汁的原料，应将无汤汁的放上层，有汤汁的放下层，这样可避免有汤汁菜肴的汤滴入无汤汁的菜肴中，影响风味。

还要注意分层摆放，汤水少的菜放在上面，汤水多的菜放在下面，淡色菜放在上面，深色菜放在下面，不易熟的菜放在上面，易熟的菜放在下面。

9.注意笼中的水量

蒸制时，要注意蒸锅或蒸炉的水分，蒸制的水分要一次加足，防止水干出现焦煳甚至安全事故。

蒸菜是利用水沸后产生的水蒸汽为传热介质，使食物成熟的烹调方法。蒸菜具有含水量高，滋润、软糯、原汁原味、味鲜汤清等特点。水足则气大，应防止蒸笼跑气、漏气。

蒸菜原料在加热过程中处于封闭状态，直接与蒸汽接触，一般加热时间较短，水分不会大量蒸发，所以成品原味俱在，口感或细嫩或软烂。

任务六 拍粉

一、拍粉的概念

所谓拍粉，就是在原料表面黏附上一层干质粉粒，起保护和增香作用的一种方法。所谓的干质粉粒，包括面粉、干淀粉、面包糠、芝麻粉、椰蓉丝等原料。原料经拍粉后，可以使原料受热变形的程度变小。

二、拍粉的作用

1.使原料吸水定型

原料经拍粉后，粉粒可以吸收原料表面的水分，经炸制后，使原料的形态稳定，保持原料固有的形态。

2.可以增加菜肴的风味

原料拍粉经炸制后，表面淀粉或面粉的糊化，能增加原料的香味，特别是一些香料粉粒，如芝麻、松子、面包糠等，从而增加菜肴的风味。

3.增加菜肴的色泽

一些原料经拍粉炸制后，会使原料表面呈金黄色，从而增加菜肴的色泽，引起人的食欲，使菜肴色泽美观。

4.保持菜肴的嫩度

原料经拍粉炸制后，能有效保持原料中的水分，从而使菜肴保持一定的嫩度，增加菜肴的口感。

5.保护原料的营养物质

原料经拍粉炸制后，不仅能保持水分，还能有效地保护原料中的营养物质不流失，保护原料的营养价值。

三、拍粉的具体方法

1.拍粉后挂糊

主要用于水分含量较多、表面光滑、不易挂糊的原料，为防止脱糊，拍粉后粉粒可以吸收原料表面的水分，容易挂

▲ 中餐烹调

▲酥香夹心饼

糊，在原料与糊之间起中介作用。

2.直接拍粉

将原料改刀成一定形状，腌渍后，直接蘸于淀粉或面粉上，抖去余粉，进行炸制或油煎，主要是定型和防止粘连。特别是一些剞有花刀的一些原料，经拍粉后，能保持花刀的形状美观，如菊花鱼、松鼠鳜鱼等。

3.先上浆或挂糊后拍粉

主要是对一些含水量较少或需要蘸的粉粒比较大的原料，如上浆或挂糊后，蘸面包糠、椰蓉丝、芝麻等，若直接拍粉，这些原料不容易蘸在原料表面，必须借助于糊浆来达到目的。同时，上浆挂糊可以增强菜肴的嫩度，保持菜肴的饱满程度。

四、拍粉粉料的种类

拍粉的粉料种类较多，主要有以下几类。

(1) 淀粉类：如玉米淀粉、山芋淀粉、小麦淀粉、绿豆淀粉等；

(2) 香粉类：如芝麻粉、面包糠、椰蓉、糯米粉、蛋黄等；

(3) 干果类：如芝麻、花生碎、核桃碎、松子等；

(4) 丝状的特殊类：如椰蓉丝、蛋皮丝、炸制的土豆丝等。

五、拍粉注意事项

第一，拍粉原料对油温有一定的要求。油温过低，粉料易脱落，油温过高，外焦内不熟。一般初炸油温控制在160°C左右，复炸温度在190°C左右，温度低会含油。

第二，拍粉的原料和挂糊上浆的原料一样，需要事先腌制入味，因为原料经拍粉加热成熟后，原料内部不容易进行调味。

第三，原料拍粉的时间不宜过早。若原料拍粉较早，放置一段时间后，原料的水分渗出，容易使原料发生粘连，同时使原料表面的粉粒吸水膨胀，炸制后表面不平整，影响菜肴的美观和质感。

第四，拍粉后，要抖去多余的粉料，防止原料过油时，过多的粉料掉入油中，影响油的质量。

▲蒜香翅中

任务七 挂糊

一、挂糊的概念

挂糊是我国烹调中常用的一种技法，行业习惯称“着衣”，即在经过刀工处理的原料表面挂上一层用淀粉、面粉、鸡蛋、水等原料调制而成的粉糊。由于原料在油炸时温度比较高，粉糊受热后会立即凝成一层保护层，使原料不直接和高温的油接触。

二、挂糊的作用

1.保持原料的原汁原味，并使菜肴外部香脆、内部鲜嫩

经加工成为片、丝、丁、条、块状等原料，如果直接放入热油锅内，原料会因骤然受高温迅速失去很多水分而质地变老、鲜味减少。经挂糊处理后的原料，即使在旺火热油中，原料不再直接接触高温，热油也不易浸入它的内部，原料内部的水分和鲜味不易外溢，这样不仅能保持原料鲜嫩，同时，不同的配料和不同的油温，使过油后的原料香脆酥松、柔嫩滑润。

2.使原料形态饱满

各种加工成形的原料，在加热中，很容易出现散碎、断裂、卷缩、干瘪等现象。经过挂糊处理后，可避免这些现象的产生，保持了原料原来的形态，而且更加美观，形态完整饱满，色泽美观。

3.保持和增加菜肴的营养成分

原料在加热过程中，无论是动物性原料还是植物性原料，直接受热变为间接受热，原料中的营养成分不致受到过多的损失，不仅如此，糊浆本身就是由营养丰富的淀粉、蛋白质等组成，从而增加菜肴的营养价值。

三、糊的原料和种类

挂糊的主要原料：鸡蛋（蛋清、蛋黄或全蛋）、淀粉、面粉、米粉、小苏打、发酵粉、面包粉、核桃粉、瓜子仁粉及芝麻等。这些原料的结构及性质不同，所起的作用也不 样，如蛋清、小苏打的主要作用是使原料滑嫩；蛋黄、发酵粉的主要作用是使原料松软；淀粉、面包粉、米粉等主要作用是使原料香脆。当然需经过恰当的烹调手段，才能产生上述效果。

挂糊的种类很多，比较常用的有以下几种。

1.蛋清糊

蛋清糊也叫蛋白糊，用鸡蛋清和水淀粉调制而成，也有用鸡蛋和面粉、水调制的。还可加入适量的发酵粉助发。制作时蛋清不打发，只要均匀地搅拌在面粉、淀粉中即可，一般适用于软炸，如软炸鱼条、软炸口蘑等。

▲ 中餐烹调

▲ 现炸酥肉

2.蛋泡糊

蛋泡糊也叫高丽糊或雪衣糊。将鸡蛋清用筷子顺一个方向搅打，打至起泡，筷子在蛋清中直立不倒为止。然后加入干淀粉拌和成糊。用它挂糊制作的菜肴，外观形态饱满，口感外酥里嫩。一般用于特殊的松炸，如高丽明虾、银鼠鱼条等。也可用于禽类和水果类，如高丽鸡腿、炸羊尾、夹沙香蕉等。制作蛋泡糊，除打发技术外，还要注意加淀粉，否则糊易出水，菜肴难以制成。

3.蛋黄糊

用鸡蛋黄加面粉或淀粉、水拌制而成。制作的菜色泽金黄，一般适用于酥炸、炸熘等烹调方法。酥炸后食品外酥里鲜，食用时蘸调味品即可。

4.全蛋糊

用整只鸡蛋与面粉或淀粉、水拌制而成。它制作简单，适用于拔丝等菜肴的炸制，成品金黄色，外酥里嫩。

5.拍粉拖蛋糊

原料在挂糊前先拍上一层干淀粉或干面粉，然后再挂上一层糊。这是为了解决有些原料含水量或含油脂较多不易挂糊而采取的方法，如软炸栗子、拔丝苹果、锅贴鱼片等。这样可以使原料挂糊均匀饱满，口味香嫩。

6.拖蛋糊拍面包粉

先让原料均匀地挂上全蛋糊，然后在挂糊的表面拍上一层面包粉或芝麻、杏仁、松子仁、瓜子仁、花生仁、核桃仁等，如炸猪排、芝麻鱼排等，炸制出的菜肴特别香脆。

7.水粉糊

用淀粉与水拌制而成，制作简单方便，应用广，多用于干炸、焦熘、抓炒等烹调方法。制成的菜品色泽金黄，外酥脆、内鲜嫩，如干炸里脊、抓炒鱼块等。

8.发粉糊

先在面粉和淀粉中加入适量的发酵粉拌匀（面粉与淀粉比例为7：3），然后再加水调制。夏天用冷水，冬天用温水，再用筷子搅至有一个个大小均匀的小泡时为止。使用前在糊中滴几滴油，以增加光滑度。用发粉糊炸后糊壳比较硬，不会导致水分外溢影响菜肴质量，外表饱满丰润光滑，色金黄，外脆里嫩。

9.脆皮糊

脆皮糊也叫脆糊、酥炸糊。在发粉糊内加入17%的猪油或色拉油拌制而成，一般比例是面粉100克、猪油50克、水75克、盐少许，轻轻搅拌，待面糊起酥后才可使用，一般适用于酥炸、干炸的菜肴。制菜后具有酥脆、酥香、涨发饱满的特点。

四、挂糊的具体方法

挂糊的种类很多，比较常用的有以下几种。

（一）脆皮糊

1.调制方法

(1) 先将泡打粉9克、酵母3克混合均匀，然后放入普通面粉95克，精制生粉、马蹄粉各35克（三种粉要提前用筛子筛过），搅匀。

（2）再放清水105克（一般分两次加入，如果调制的量大，需要分三次加入）、鸡蛋1个充分搅拌，最后放色拉油15克，顺一个方向用力搅匀，当调好的糊呈现透明的炼奶状时，用保鲜膜封口，放在常温下静置10分钟以上。

2.特性

菜肴外形饱满，口感比其他的糊要更加松脆。

3.应用

应用最广，常用来制作酥炸、干炸或者脆炸的菜肴，如脆炸明虾、酥炸肉片。

（二）蛋清糊

1.调制方法

鸡蛋清50克搅打均匀，加入干淀30克、面粉20克、清水30克、色拉油5克调匀。

2.特性

菜肴色泽白中带浅黄，外形松脆。

3.应用

软炸菜肴，如软炸大虾、软炸银鱼。

（三）蛋泡糊（雪丽糊、高丽糊）

1.调制方法

（1）将5个鸡蛋的蛋清放入不锈钢容器内，用打蛋器或竹筷朝着一个方向搅打（搅打时要用力，先快后慢，不能乱打，3～5分钟就可以打成蛋泡糊）。

（2）将筷子插在蛋泡糊里，筷子能够直立时说明蛋泡糊已经成功，再加干淀粉20克、面粉10克搅匀。

2.特性

与蛋清糊的不同在于，鸡蛋清要提前打发，然后加入其他原料调制。所以与蛋清糊相比，它的颜色更加洁白，质地松而嫩，做好的菜肴也比用蛋清糊包裹的原料更加饱满。

3.应用

成品要求色泽雪白的松炸菜，如夹沙豆沙、夹沙香蕉、高丽明虾。

4.操作要领

（1）打蛋清的容器要使用汤盆，便于筷子在盆内搅打，容易使蛋糊打发，形成发蛋糊；容器一定要干净，无积水，无油污。

（2）一定要用新鲜鸡蛋，打蛋时只用蛋清，蛋黄蛋清要分离，蛋黄已碎的不能用，不能有一点蛋黄掺在蛋清里。

（3）打蛋的方法，一只汤盆内可打5个鸡蛋的蛋清，用两双竹筷握在一起搅打。打时要用力，先快后慢，顺着一个方向搅打，不能乱打。一手拿盆，一手拿筷，站立操作，3~5分钟就可以打成蛋糊，打到发蛋糊已经成形，用筷子插在发蛋糊里，筷子能够直立时，说明发蛋糊已经成功。

（4）糊打成以后，可以根据不同的菜肴加工要求，加入不同的调味品和辅料。如炸羊尾可以在糊里加入一点干酵粉；又如鸡茸蛋可以加入鸡脯末和肥膘末。加入调味品和辅料时，不是将糊倒进辅料，而是将调味品和辅料加入糊里，边加入边搅拌。

（5）配制好的发蛋糊不宜久留，要及时加热成熟。常用的成熟方法有熘、蒸两种。熘时油温不能超过三成，火候要用文火。油温过高时，要及时加入冷油或端离火口。笼蒸成熟方法不易掌握，时间过短，就会外熟内生，蒸汽过足，有可能蒸穿。可以用开水先焯一下，初步成形后再用工具造型，然后上笼蒸熟。

（四）面粉糊

1.调制方法

面粉（提前过筛）100克、盐3克、清水120克调匀，再加入色拉油10克调匀。

2.特性

菜肴外皮偏硬，色泽金黄。

3.应用

外形比较坚挺的炸菜。

（五）蛋黄糊

1.调制方法

鸡蛋黄50克，朝一个方向搅打均匀，加入面粉和淀粉的混合粉50克、清水30克、色拉油5克调匀即可。

▲小酥肉炖

2.特性

色泽金黄，口感相对比较脆硬。

3.应用

如黄金三文鱼、黄金鸡排这样要求成品色泽金黄的炸菜。

（六）拍粉拖蛋糊

1.调制方法

原料在挂糊前先拍上一层干淀粉或干面粉，然后再挂上一层糊。一般面粉20克、鸡蛋60克调匀即可。

2.特性

菜肴外形饱满，口感香嫩。

3.应用

有些原料含水量或含油脂的量比较多，不易挂糊而采取的方法。对应菜肴有拔丝苹果、锅贴鱼片等。

（七）全蛋糊

1.所用原料

鸡蛋100克、面粉50克、淀粉125克、清水适量。

▲ 糖醋里脊

2.调制方法

先将鸡蛋磕入小盆内，加入适量清水搅散，再加入面粉和淀粉调匀成糊即可。

3.注意

调制时应先把水与蛋液调均匀，然后再加淀粉、面粉一起调匀，切忌搅拌上劲。一般面粉和淀粉的量是蛋液的3倍，水则根据需要加入，以控制糊的稀稠度。

4.特性

外形酥脆，颜色金黄，但不如用蛋黄糊浸炸的菜肴黄亮。

5.适用范围

一般的炸菜均可，多用来制作家常类的炸菜，如炸茄盒、炸藕盒。

（八）油酥糊

1.所用原料

面粉75克、淀粉50克、鸡蛋黄20克、清水75毫升、花生油75毫升。

2.调制方法

先将清水（冬季用温水）、鸡蛋黄搅匀后，加入花生油搅匀，再加入淀粉、面粉搅拌至起小泡时，静置15分钟（冬季30分钟）即可。

3.适用范围

一般适于酥炸、干炸等类菜肴。

五、挂糊的操作关键

挂糊虽然是个简单的过程，但实际操作时并不简单，稍有差错，往往会造成“飞浆”，影响菜肴的美观和口味。因此，挂糊时应注意以下问题。

1.把要挂糊的原料上的水分挤干

特别是经过冰冻的原料，挂糊时很容易渗出水分而导致脱糊，而且还要注意，液体的调味品也要尽量少放，否则会使糊料上不牢。

2.注意调味品加入的次序

一般地说，挂糊的原料要先放入盐、味精和料酒，使劲拌和，直至原料表面发黏，才可再放入其他调味品。先放盐可以使咸味渗透到原料内部，同时使盐和原料中的蛋白质形成“水化层”，可以最大限度保持原料中的水分少受或几乎不受损失。

3.灵活掌握各种糊的浓度

在挂糊时，应当根据原料性质、烹调的要求，以及原料是否经过冷冻等因素，决定糊的浓度。如较嫩的原料，糊应厚一些；较老的原料，糊应薄一些。

这是由于较嫩的原料，所含水分较多，吸水力弱，因此糊的浓度以稠一点为宜。而较老的原料，本身所含水分较少，吸水力强，因此糊的浓度以稀一点为宜。

比如，冷冻的原料含水分较多，糊的浓度可稠一些；未经冷冻的原料含水量少，糊的浓度则可以稀一些。

此外，如原料在挂糊后立即进行烹调的话，糊的浓度应稠一点，因为糊过稀，原料来不及吸收糊中的水分就下锅烹调，会容易引起脱落；如原料挂上糊后不立即烹调的话，糊的浓度就应稀一些，因为在待用期间，原料会吸去一部分水分，并蒸发掉一部分水分，这样浓度就正好了。

4.掌握好各种糊的调制方法

调制糊时，必须掌握先慢后快，先轻后重的原则。

因为在开始搅拌时，糊的淀粉及调味品还没有完全溶解，水和粉尚未调和，浓度不够，黏性不足，所以应该搅拌得慢一些，轻些，以防止糊溢出容器。

而经过一定时间的搅拌后，糊中的浓度渐渐增大，黏性逐渐加强，搅拌时就可以逐渐加快加重，以使其越搅越浓，越搅越黏。尤其是蛋泡糊，更要多搅，重搅，直到可以把筷子插在糊内直立不倒为止。

▲ 酥肉

搅出的糊必须均匀，糊中不能有小粉粒，因为糊内如果存有小颗粒，原料过油时小粉粒就会爆裂脱落，造成脱糊的现象。

5.必须用糊把原料表面全部包裹起来

原料在挂糊时，要把糊全部包裹在原料的表面，不能留有空白点，否则原料在烹调时，油就会从没有糊的地方浸入原料，使这一部分质地变老，形状萎缩，色泽焦黄，从而影响菜肴的色香、味、形。

几种常用糊的对比如下表。

常用糊对比表

表2

	原料配比	用　途	代表菜肴	备　注
水粉糊	淀粉：水=1∶2.5	用于炸、熘	糖醋里脊	
蛋清糊	鸡蛋清：淀粉=1∶1	用于软炸菜肴	软炸里脊	鸡蛋清一个，淀粉10克
全蛋糊	鸡蛋：淀粉=1∶1	用于炸、熘	瓦块鱼	鸡蛋一个，淀粉20克
蛋黄糊	蛋黄：淀粉=1∶1	熘、炸、煎、贴等烹调方法	桂花肉	蛋黄一个，淀粉10克
蛋泡糊	鸡蛋清：淀粉=2∶1	熘、炸、煎、贴等烹调方法	拔丝葡萄	
苏炸糊	面粉：发酵粉：水：猪油：精盐=50∶1.5∶75∶17∶1	用于炸制类菜肴	酥炸丸子	
面包糊	蛋液：面粉=5∶1	用于炸制类菜肴	面包牛排	最后裹上面包糠

任务八 上浆

▲香辣肉丝

一、上浆的概念

上浆就是将动物性原料在加热前用淀粉、蛋液等辅料拌和，加热后使原料表面形成浆膜的一种烹调辅助手段。以保留其水分使其滑嫩，多用于滑炒。简单地讲就是在原料的外部挂上一层浆液，也就是用鸡蛋、淀粉、水等原料，经过合理调制，使其形成一种浆液胶体，再经拌、挂、蘸等手法处理，在原料外部均匀地包裹一层浆液胶体，以便经过热处理（过油、汽蒸、水汆等）在原料的外部形成一层保护层，使制品滑嫩，色泽美观，达到保护或增加主料的外形、水分、色泽、营养等目的的一项操作保护措施。这项操作技术就好似原料的外部穿上一件外衣，所以也有人将此技术叫"着衣加工""外部美化加工" 等。

原料上浆是菜肴制作技术的一项重要基本功，应用广泛，为爆、熘、炒等烹调方法的前提工作，直接关系到整个菜品的外观与质量。

1.原料的选择

适合上浆的原料，一般是动物性原料肌肉组织的横纹肌和部分脏肌，像猪肉、鸡肉、龙虾肉、牛蛙肉、腰子、肝等原料，刀工成形一般是丁、丝、片、条等形小的原料或小型鲜嫩的整料，像鸡丁、肉丝、虾仁、鲜贝等原料。由于上浆是制作比较讲究的菜肴，原料应尽量选择新鲜度高，不带异味的原料（畜禽类原料最好选择冷却肉或成熟时期的肉，此时肉质松软，有弹性，切面水分较多，有特殊的肉香味和鲜味，亲水性强，易上浆；水产品则宜选择鲜活或僵直时期的原料，此时肉质鲜度高，滋润饱满），对于不新鲜的原料，特别是变质的原料要禁用。猪肉要选择里脊、通脊、黄瓜条肉、弹子肉等部位的肉质；牛肉最好选择外脊、牛柳等部位的肉质；羊肉则选择扁担肉；鸡肉宜选择鸡胸肉；鱼肉宜选择肉厚刺少的黑鱼、鳜鱼、草鱼等。由于这些原料肉质细嫩，纤维组织规格整齐，便于刀工成形，易上浆，达到成品要求。新鲜的虾仁、鲜贝等小型原料也是上浆的理想原料，在上浆前用干净毛巾吸去表面水分。

2.刀工处理

刀工成形一般根据菜肴的要求切配，有骨、刺的应事先剔尽，成形后多为片、丁、丝、粒状（小型原料如虾仁等可直接用整料），且大小相当、长短一致、粗细均匀、厚薄相同、清爽利落，这样才能易于码味上浆，烹制时受热均匀、形态美、口感好。

3.漂洗码味

漂洗码味是去除原料异味，增强口感、色泽、营养、鲜美度的重要技法，码味前进行漂洗，可漂净动物原料中的血水，洗去部分杂质，码味时，轻轻挤净漂洗中的水分，添加适量调味品即可。对异味重、肌肉纤维较粗糙的原料，除加入盐、味精等，还可加入适量的苏打粉、嫩肉粉等，改善口感。放入调味品后用手拌匀，搅至原料表面起黏时加少许清水，再加以搅拌，如此反复数次，至原料"喝"足水为止（500克牛肉加水120克，500克猪肉加水100克，500克鱼肉加水50克）。

▲铁板黑椒牛柳

▲宫保鸡丁

4.原料上浆的用料

浆的主要用料为：鸡蛋、淀粉、料酒、烹调油、清水等。

原料上浆，按用料的不同分为：水粉浆、蛋白浆和全蛋浆。前两者比较常用，而全蛋浆多用于色泽较重的菜肴，如京酱肉丝等。用水粉浆时可在漂洗码味的基础上直接加入干淀粉，而蛋白浆和全蛋浆则应先加入蛋液抓匀后，再放上淀粉调匀。最后放入少许烹调油，防止滑油或滑水时互相粘连。上浆后应在常温下放1～2小时，这样能使浆液更好地吸附在原料表面，提高上浆质量。应注意的是原料，如用油滑，淀粉应略少，用水滑，淀粉应略多一点；鸡蛋用鲜鸡蛋，蛋清才有附着力，淀粉可用玉米淀粉、绿豆淀粉、地瓜淀粉等。

滑炒，在刀工后、烹调前，通常都应进行上浆。上浆的目的是防止原料在滑炒过程中失水退嫩，以保证菜肴软嫩鲜美。上浆要求细致，先用细盐、料酒腌渍一下，使其入味；再把蛋清调匀，放入腌渍的原料中调和均匀；最后加入淀粉，用手抓捏均匀，以粉浆将原料的表面全部包裹起来为准。

淀粉是上浆的主要原料。淀粉品种很多，在结构上有支链与直链之分，从来源上有绿豆淀粉、玉米淀粉、马铃薯淀粉和小麦淀粉等，淀粉的吸水性能对上浆是十分重要的。在对同等原料上浆时，对吸水性强的淀粉添加应小于吸水性弱的淀粉量。通常来说，以含支链淀粉量多的淀粉为好，如马铃薯粉与玉米粉。

由于淀粉颗粒内部紧密有秩序地排列，使淀粉具有较强的抗水性而不溶解于凉水，其水溶液易发生沉淀，故上浆后的原料放置较长时间易脱浆。另外，蛋液的黏性使干淀粉不易均匀分散在蛋液中，因此上浆宜采用沉淀的水淀粉，这样上浆后原料表面的光滑度会得到加强。

上浆后经加热淀粉糊化成黏性很大的胶体，紧紧包裹在原料表面，避免了原料表面与高温油的直接接触，使原料内水分与呈味物质不易流失而显得饱满鲜嫩，并使原料在加热中不易破碎，从而起到了保嫩、保鲜、保持形态、提高风味与营养的综合优化作用。

蛋液在上浆中既具有调解剂又具有黏结剂的作用，常用于对包、卷、贴、襄等类菜肴成形的黏结剂。蛋液中黏蛋白能增强浆液对原料表体的黏附性，蛋液与淀粉组成浆液，对原料上浆，加热后蛋白凝结，尤其是卵蛋白的凝结，使菜肴滑嫩光亮，由于这种蛋白质大分子形成的固态传热性能差，因而起到了一定的保护作用。

二、上浆一般程序

腌拌→调浆→搅拌→静置→润滑。

腌拌：将食盐添加于浆料之中，搅拌均匀至肌内表体有黏稠感，目的是通过盐的电解作用，使肌动球蛋白的溶液度增大，原料表面蛋白质的静电荷增加提高水化作用引起分子体积增大，黏液增多，达到吸水嫩化。在用盐腌拌之前，有的原料还需漂色或致嫩等，机理如前所述。腌拌还可达到基本调味的目的。

调浆，即用湿淀粉与蛋液（或水）调匀成蛋浆。常用蛋浆有如下种类。

蛋粉浆：蛋液与淀粉结合的浆液，又有全蛋浆与蛋清浆两种。全蛋浆即调浆时用蛋的全部形成的浆体，色泽淡黄，适用于对有色炒、熘菜肴上浆。蛋清浆即调浆时只用蛋清部分形成的浆体，色泽洁白，适用于对特别细嫩的、白色菜肴的上浆；如清炒虾仁、糟熘鱼片等。在嫩度上面蛋清浆高于全蛋浆，适用性最广。

水粉浆：仅用湿淀粉与少量清水结合的浆液，为一般性浆。色泽洁白，可通用。上浆质量次于蛋清浆，但对心肌、平滑肌类型原料，若需上浆则仅适用于这种浆液，如心、肝、肾、胃类型原科。这种浆，既没有蛋浆的密封性高，又具有一定的保护性。

苏打浆：在蛋清浆中添加适量苏打水和白糖，具有致嫩膨松的作用。多用于对牛肉丝、片的上浆，如蚝油牛肉丝。

一般来说。调浆用料没有固定标准（或尚没形成），因具体的菜肴要求和原料性质的不同而随机掌握。但在应用上应注意如下问题。

▲ 杏鲍菇炒鹅肝

▲金汤龙利鱼

第一，需将蛋液搅打均匀，但不能成泡沫，否则会引起蛋白质的物理变性。从而使黏度下降而影响上浆质量。

第二，蛋浆应用要适量，太多会泻浆或黏度过大而不利于滑油分散，应根据具体情况增减用量。如表面光滑透亮、水化度高的原料，蛋清量较少；如由于蛋白质水解作用使原料表面光泽暗淡，则蛋液用量应相应增加。

第三，对一些结构粗而含水量少的原料，如牛肉，上浆应适量添加冷鸡汤，增强其嫩度和风味。

第四，淀粉用量应根据原料的不同性质和具体料形区别掌握。若用量多，则黏度大、易起团、不光滑；用量少，则黏性小、易脱落。

第五，盐量是影响上浆的重要因素。过少，原料表面肌球蛋白分子互相聚集形成杆状体，水化能力降低，表面黏液减少，嫩化程度降低，不利上浆；用量过多，不但菜肴口味咸，而且由于原料中蛋白质分子量很大，其摩尔浓度很小，渗透压低，处于高渗状态，从而使原料中水分（包括其他小分子化合物）从原料内部反渗出来，大量脱水，蛋白质变性，水化能力降低，原料表面水化了的蛋白质发生沉淀而变老，并极易脱浆。

一般来说，块形大的原料其用浆量应小于块形较小者，而粉量应增加。丝、粒等块形用浆量应大于块、条、片而用粉量则相应减少。关于对各类原料上的上浆量问题，目前亟须运用实验的方法建立一个同类规范标准，以指导实践。

三、上浆原料的加热处理

1.滑油法

将上浆后的原料用低温油加热成熟的方法，主要为滑炒或滑熘技法。在滑油时，常会遇到三个问题：一是原料脱浆；二是原料成团；三是原料粘锅。原料脱浆或结成团块对滑油后的原料质量和成菜质量都会产生不良影响。导致脱浆或结成团的原因很多，其中油温的控制是关键。经测试：上浆滑油时的油量一般控制在原料总量的2~3倍，原料下锅前的油温控制在130°C~140°C。下锅后，可采取油锅离火或半离火的办法，以筷或勺抖散原料，数秒钟后，原料色泽变浅、舒展伸开，即可出锅，这样做可确保原料滑油的质量要求。上浆后的鱼丝、鱼片、肉丝、虾仁等在加热前，可拌入少量的色拉油，以使原料在滑油时迅速分散，受热均匀，并能增强原料成熟后的光泽度和润滑性。造成原料粘锅现象的原因是油入锅前锅没有擦净水，为避免此类现象的发生，应先将锅洗净擦干，在火上烧热，用手勺加入一勺油荡匀锅壁、倒去油后再将锅烧热，将油倒入锅中加热，当油温升至140°C时，将锅离火使锅内壁与油同温后再下入原料滑油，该方法可有效防止原料粘锅。

2.水滑法

由于滑油的温度与沸水温度相近，故亦可以水代油。水滑法即将上浆后的原料，分散放入沸水锅内滑透然后再

▲ 江湖青椒鳕鱼

进行烹调的一种方法。川菜“水煮牛肉”就是将牛肉片上浆后抖散下入调好味的水锅，用筷子轻轻拨散，待牛肉伸展熟透，汤汁浓稠后，起锅舀在垫底的蔬菜上，撒上辣椒面、花椒面淋上沸油即成。水滑法有助于降低成菜的脂肪含量。用水滑法操作，其温度较油滑法低（因水的沸点最高是100℃），可避免高温，减少营养素的损失，用水滑法烹制的菜肴口味清淡不腻、质地滑嫩、色泽洁白。另外，水滑法简便易行，节约油脂，降低成本。对患肥胖症肝脏病而需要控制油脂的人来说，水滑法更是一种理想的烹调方法。

3.直接加热法

原料上浆后可直接入锅烹调的菜肴不多，仅限于四川烹饪中常用的炒法——“小炒”。其特点是只上浆，不滑油，旺火急炒，一锅成菜。如“宫保鸡丁”“ 鱼香肉丝”等，直接入锅烹炒与滑油后再炒有什么不同呢?上浆的原料直接用旺火热锅快速翻炒，要求有娴熟的翻炒技术及控制火候的能力，成菜的风味浓郁，但控制不好易粘锅。以“鱼香肉丝”为例，上浆的肉丝直接用旺火热锅快速翻炒，炒散后下入泡辣椒细末、姜末、蒜粒，炒至香味出来，再下入葱花、木耳丝、笋丝，炒匀上色，最后下入兑汁芡翻炒均匀起锅装盘。如采用上浆后滑油法烹制可使肉丝受热均匀，不易粘锅，肉丝受热时间短，其嫩度要优于直接小炒，但成菜油量过大，其次葱、姜、蒜、辣椒的味道难以渗入成熟肉丝中，影响鱼香风味。

比较上述三种热处理方法，水滑法和直接加热法是既适合家庭又适合餐饮企业的烹饪方法，成菜含油量低，但加工菜肴的数量少。如“鱼香肉丝”直接入锅烹炒，只能烹制1~2份菜肴，数量大则会粘锅影响菜肴质量。而采用滑油的方法则可加工多份菜肴，但滑油后需回炒还要淋明油，菜肴油脂含量高。

四、上浆的作用

1.缩短烹调时间

实验证明，上浆后再加热的原料，其成熟时间会大大缩短。第一，原料上浆后，其表面形成一种由变性蛋白质和糊化淀粉组成的密封膜，密封膜可以阻止原料受热后产生的蒸汽外溢，使原料受热的温度提高；第二，密封膜还可以阻止原料受热后的水分外流，使传热介质原有温度不至下降过多，从而相对提高了原料的受热温度；第三，上浆为原料补充了大量的水分，原料成熟速度加快。

2.保持原料营养素

上浆后的原料在烹制时，所使用的油温和水温一般都很低，不会对原料中的营养素起破坏作用，因此，上浆后利用浆膜将原料密封起来，以阻止原料中的脂溶性和水溶性营养素向传热介质中扩散，使原料中的营养素能较多地保存下来。

3.菜肴饱满滑嫩

上浆时，浆中的水分子会透过细胞膜向高渗压一方细胞质渗透，使细胞逐渐充水，加热后这种充水导致菜肴形成饱满的观感和软嫩的质地。水分进入细胞后，浆中的淀粉、蛋白质等分子较大的物质无法进入细胞而停留在原料的表面，受热后，在原料的表面形成一层由糊化的淀粉和变性的蛋白质组成的溶胶膜，这个膜与芡汁结合又形成滑爽的触感。

4.增加菜肴滋味

上浆的主要目的是为原料补充水分，但上浆的同时还要加入精盐、味精、黄酒等调味品，以增加原料内部的味道。一般上浆的菜肴都是热锅温油速成操作，在时间上对原料的入味非常不利，上浆通过携带调味品对原料实行基本调味，可以较好地解决这一问题。

五、上浆的具体方法

1.蛋清浆

制作方法：蛋清浆主要用料有蛋清、淀粉、精盐等调味品，制作方法有两种：一种是先将主料用调味品拌腌入味，然后加入蛋清、淀粉拌匀即可。另一种是用蛋清加湿淀粉调成浆，再把用调味品腌渍后的原料放入蛋清粉浆内拌匀，也可加入适量的油，便于原料划散。以上两种方法，用料标准一般是原料500克、蛋清50克、淀粉25克。

作用：可使菜肴柔滑松嫩，色泽洁白，多用于爆、炒、熘类菜肴，如“炒虾仁”“熘鱼片”等。

2.全蛋浆

制作方法：全蛋浆主要用料有全蛋（蛋清、蛋黄均用）、淀粉、精盐等调味品，制作方法与用料标准基本上同蛋清浆。

作用：可使菜肴滑嫩，微带黄色。多用于炒菜类及烹调后带色的菜肴，如“辣子肉丁”“酱爆鸡丁”等。

3.苏打浆

制作方法：苏打浆主要用料有蛋清、淀粉、小苏打、精盐、水等调味品，制作方法是：先将小苏打、精盐、水等调味品腌渍一下原料，然后加入蛋清、淀粉拌匀。浆好后，最好静置一段时间使用。用料标准一般是：原料500克、蛋清30克、淀粉30克、小苏打5克、精盐10克、水适量。

作用：可使菜肴松、嫩，适用于质地较老、纤维较粗的牛、羊肉等原料，如“蚝油牛肉”等。

4.粉浆

制作方法：干粉浆调制的主要用料是淀粉、清水，制作方法是先将原料用调味品拌腌入味，再用水与淀粉调匀上浆，浆的稀稠度，以能裹住原料为宜。用料标准一般是：干淀粉50克，加清水100克。

作用：可使菜肴滑嫩，多适用于含水量较多的烹饪原料（鱿鱼、腰子、猪肝等），如“爆炒鱿鱼卷”“荔枝腰花”等菜肴。

六、上浆的步骤

原料上浆，一般分为以下几个步骤。

1.清洗

清洗的目的，是祛除肉类血水和异味，但是原料不同或者菜品不同，原料的浸泡时间就有些差异。

上浆直接关系到整个菜品的外观与质量。

▲ 中餐烹调

2.加味

目的是帮助原料入底味。放入食盐后，用手抓肉会感到肉质开始发黏，这是因为盐有很强的渗压性和透湿性，使肉类的胶原蛋白质发生改变开始变性。

注：加盐的同时，可以放入其他调味品，如胡椒粉、五香粉、花椒粉、酱油等。

3.加水润剂

水润剂有很多种，如清水、料酒、花椒水、生姜汁、蔬菜水、蒜汁等。这些水性物质，可以使肉类吸收足够的水分，从而达到肉质鲜嫩的目的，同时还可以祛除肉类的腥味，给肉增香。

原料不同，选择的水润剂也会有些差异，如果烹调的是海鲜类原料，一般要加葱姜水和广东米酒；如果是禽畜类，则要加清水；如果是大肠、腰花等腥臭味比较重的食材，则需要加入蒜水；牛肉和乳鸽适合加入蔬菜水；鱼片则适合加入生姜汁。不管选择什么水润剂，都要分两次加入。

4.加蛋液

鸡蛋液浆分为全蛋浆、蛋清浆、蛋黄浆，具体要用到哪一种浆，要根据肉的材料与做法来决定。

全蛋浆应用最为广泛，一般的禽畜肉类都适合用它来上浆；蛋清浆多用于做滑炒菜、色泽洁白的食材，如鱼片、虾仁、滑炒鸡丁等；蛋黄浆与全蛋浆基本类似，加入蛋黄浆可以使肉类呈现金黄的色泽，适用的菜品有香煎银鳕鱼、炸茄子。

5.加生粉

生粉具有碱性，肉类在碱性的环境里，可以使蛋白质的空间结构松弛，水分的保持力将增强，从而达到锁住肉类水分的目的。

▲ 中餐烹调

注：(1) 生粉的用量不要过多，只要用手抓一把肉捏挤的时候，没有汁水从指缝间流出就好。(2) 生粉最好分次加入，每一次都要搅拌均匀，一般每500克食材加入生粉25克。

6.加食用油

加食用油也是为了更好地锁住水分。肉类被油脂包裹，形成一层保护膜，入油锅的时候可以防止肉的营养与水分流失，同时，也可以避免肉类入油锅的时候油花四溅。

七、上浆的操作关键

(1) 上浆时间：为原料补充水分是利用渗透原理进行的。渗透是一种物理现象，其过程一般都很缓慢。因此，在烹调菜肴时为原料上浆都要提前进行。通常做法是在加热前15分钟左右为原料上浆，这时只用水或蛋液，在正式加热前再用水或蛋液补浆一次，然后再拌入淀粉。

(2) 上浆动作：菜肴中凡是需要上浆的原料均为细小质嫩的原料，而上浆的手法是用手来抓捏，因此，上浆时的动作一定要轻，要防止抓碎原料，尤其鱼丝、鸡丝更要注意。上浆时一开始要慢，当浆已均匀分布于原料各部分时，动作再稍快一些，利用机械摩擦促进浆水的渗透。

(3) 淀粉的用量：上浆为原料补水固然很重要，但淀粉的用量也是一个不可忽视的问题。如果淀粉的用量少于合适的标准，就很难在原料周围形成完整的防止水分等物质排出的浆膜；如果淀粉量多于合适的标准，又容易引起原料的粘连。合适的用量标准是，原料加热后在浆的表面看不到肉纹。

(4) 调味程度：上浆的同时要为原料进行基本调味，这时的调味一定要掌握好分寸，要给正式调味留余地，尤其是精盐，千万不可多用。

八、浆的成品标准

(1) 质感软嫩：菜肴的软与嫩主要是由原料中所含水分决定的，上浆通过为原料补充水分来最大限度地提高菜肴的含水量。因此，通过加热后菜肴的质感，可以判别上浆时是否最大限度地为原料补充了水分。

(2) 触感光滑：上浆菜肴触感光滑是由浆中的淀粉和蛋白质形成的，其中主要是淀粉。淀粉糊化后黏度增加，一方面紧紧地粘在原料上；另一方面又将菜肴中的汤汁粘在原料上形成光滑的触感。

任务九 勾芡

▲ 客家酿豆腐

勾芡在做菜的过程中起到了非常重要的作用，能够在最后给一道菜起到点睛之笔的作用。勾芡手法的好坏非常考验一个厨师的技巧，也对一道菜的口感以及色香味带来影响。这就需要厨师有丰富的经验，是考验一个厨师对菜的了解程度和对火候的把控能力。厨师在学厨或者自己练习的过程中，勾芡一直都是一项衡量菜品好坏的重要标准，直接决定了一道菜的口感和卖相好坏。所以很多人都非常重视勾芡这一技术。

▲ 中餐烹调

一、勾芡的概念

所谓勾芡，就是根据烹调方法及菜肴成品的特点要求，在主、辅料烹调成熟或接近成熟时，将调好的水淀粉（生粉）淋入锅内，使卤汁浓稠，增加卤汁对原料附着力的一种技法，是一种增稠工艺。芡汁是指勾芡后形成的具有浓度稠度的菜肴汤汁。芡色是指菜肴成熟后芡汁的颜色，大体可分为红、黄、白、黑、青5种。

二、勾芡的作用

1.改变质感、增加光亮

大部分熘菜的最大特点就是外香脆、内软嫩，如糖醋鱼等。这类菜肴为了保持外香脆，都要经油炸或油煎处理。对于这类菜肴，必须在调味汁中加入淀粉，先在锅内勾芡，使调味汁变浓变稠，成为卤汁，在较短的时间内，裹在原料上。由于淀粉糊化变黏的调味汁，尽管裹在原料上，却不易渗进原料（只沾在外面），这样，就保证了菜肴外香脆、内软嫩的风味特点。

2.汁菜附着、融合滋味

菜肴在烹调中，原料溢出内部的水分，为了调味又必须加入液体调味品和水，这两种水分在较短的烹调时间内，不可能全部被吸收或蒸发，尤其是爆、熘、炒等旺火菜更难做到。勾芡以后，由于淀粉的糊化黏性作用，把原料溢出的水分和加进的液体调味品变成卤汁，又稠又黏，稍加颠翻，就均匀裹在菜肴上，汤料混为一体，既达到汁少汁紧的要求，又解决了不入味的矛盾，两全其美。

3.保持温度、突出风味

由于芡汁裹住了菜肴的外表，减缓了菜肴内部热量的散发，能较长时间保持菜肴的热量，特别是对一些需要热吃的菜肴（冷了就不好吃），不但起到保温作用，实际上也起了保质的作用。

4.晶莹光洁、丰富色彩

由于淀粉受热变黏后，产生一种特有的透明光泽，能把菜肴的颜色和调味品的颜色更加鲜明地反映出来。因而勾过芡的菜肴比不勾芡的菜肴，色彩更鲜艳，光泽更明亮，显得洁爽美观，起到“锦上添花”的作用。

▲ 海参

5.增汁浓度、突出原料

烩、煮等类菜的特点是汤水较多，特别是原料本身的鲜味和调味品的滋味都要溶解在汤汁中，汤味特别鲜美，但缺点是汤、菜分家，不能融合在一起。勾芡以后，由于淀粉的糊化作用，增强汤汁的浓度，使汤、菜融合一起，不但增加菜肴的滋味，还产生了柔润滑嫩等特殊效果。所以在这一类菜肴中，除部分菜外，都要适当勾芡，提高菜肴的风味特色。

有些汤菜，汤水很大，主料往往沉在下面，上面是汤不见菜，特别是一些名菜，如烩乌鱼蛋等，若主料不浮在汤面，则影响了菜的风味质量。采用勾芡办法，适当提高汤的浓度，主料上浮，突出了主料的位置，而且汤汁也变为滑润可口。

6.减少营养成分损失

由于勾芡，还可使菜肴在烹调过程中溶解到汤汁里的维生素和其他营养物质黏附在糊化的芡汁上，减少了营养成分的损失。

勾芡虽然是改善菜肴的口味、色泽、形态的重要手段，但绝不是说，每一个菜肴非勾芡不可，应根据菜肴的特点、要求来决定勾芡的时机和是否需要勾芡，有些特殊菜肴待勾芡后再下主料。如“酸辣汤”“翡翠虾仁羹”。蛋液、虾仁待勾芡后下锅，以缩短加热时间，突出主料，增加菜肴的滑嫩。

勾芡是否适当，对菜肴的质量影响很大，因此勾芡是烹调的基本功之一。勾芡多用于熘、滑、炒等烹调技法。这些烹调法的共同点是旺火速成，用这种方法烹调的菜肴，基本上不带汤。但由于烹调时加入某些调味品和原料本身出水，使菜肴中汤汁增多，通过勾芡，使汁液浓稠并附着原料表面，从而达到菜肴光泽、滑润、柔嫩和鲜美的风味。

三、芡汁的种类

1.按芡汁的浓度可分为厚芡和薄芡两类

（1）厚芡

经勾芡后卤汁较浓稠，能够裹住原料，装盘后不流动或流动缓慢。按浓度不同，可分为包芡和糊芡两种。

包芡：也称为爆芡，芡汁数量少，稠度大，主要适用于爆一类的菜肴，成品芡汁黏稠，能够互相粘连，全部裹在原料上，盛入盘中堆成形体不易滑散，食用后盘内只见油不见芡汁。淀粉与水或汤汁之比一般为1∶5。

糊芡：浓度与数量比包芡略稀薄而少。主要用于炸熘一类菜肴。成品装盘后，芡汁2/3粘裹在原料上，1/3溢在原料边缘。淀粉与水或汤汁之比一般为1∶7。

▲ 中餐烹调

(2) 薄芡

经勾芡后，芡汁较稀薄，按浓度不同，可分为熘芡和米汤芡两种。

熘芡：也称为玻璃芡，芡汁数量较多，浓度较稀薄，能够流动，多运用于滑熘、软熘、扒等一类菜肴。成品装盘后，芡汁1/2或1/3粘裹在原料上，1/2或2/3流淌在菜肴周围。淀粉与水或汤汁之比一般为1∶10。

米汤芡：也称为流芡，是芡汁中最稀薄的一种，浓度最低，似米汤的稀稠度。主要适用于某些汤菜的制作，目的是让汤水变得稍稠一些，以便突出原料，口味浓厚。淀粉与水或汤汁之比一般为1∶20。

2.按芡汁的色泽可分为红芡和白芡两种

红芡：加有色调味品，如酱油、番茄酱等。

白芡：无色调味品，如食盐、味精等。

3.按是否加入调味品分两类

(1) 白汁芡

白汁芡又叫跑马芡、流水芡。只用淀粉加入清水或鲜汤拌和而成，常是将汤汁、调味品下好，再用淀粉来勾芡，主要作用是稠汁、保温、增加色泽，多用于烧、烩类菜肴，如白汁全鸡、三鲜鱼片、酸菜鱼汤等。

(2) 兑汁芡

用淀粉、调味品和鲜汤调和而且成。操作时，用一个碗把各种调味品和鲜汤、淀粉放在一起调成芡汁，然后下锅加热，使其裹匀在原料上，起到浓味、增鲜、增加色泽的作用，习惯上又叫兑滋汁、对味，多用于炒、爆、熘等烹制方法的菜肴，如鱼香肉丝、白油肝片、鲜熘鱼片、火爆肚头等。

烹饪中还常遇到自来芡。

所谓自来芡，即自然收汁，就是原料焖烧后不勾芡，而是收稠卤汁，使之浓稠似胶，包住原料，起到了勾芡的作用。自来芡的菜肴一般选用富含胶原蛋白的原料，以水为主要导热体，通过小火长时间加热焖烧，原料胶汁呈现胶原蛋白变成明胶，使原料纤维逐渐松散，溶解于卤汁中明胶、油、糖三者相互作用，形成独具风味的成品酥烂、汤汁浓稠的自来芡烧。一些淀粉含量大的原料，在烹制的过程中，由于原料淀粉溢于汤中，使淀粉糊化，也会产生自来芡，如土豆炖牛肉等。

四、勾芡后的明油

即在菜肴成熟时勾好芡以后，再淋入各种不同的调味油，使之融合于芡内或附着于芡上，对菜肴起增香、提鲜、上色、发亮作用。使用时两者要结合好，要根据菜肴的口味和色泽要求，淋入不同颜色的食用油，如鸡油（黄

▲ 中餐烹调

色）、辣椒油（红色）、番茄油、香油、花椒油等。

淋油时要注意，一定要在芡熟后淋入，才能使芡亮油明。一次加油不能过多过急，否则会出现泌油现象。由于烹调方法不同，加油的方法也不同。一般熘、炒菜肴，多在成熟后边颠勺边淋入明油。干烧菜，菜是在出勺后，将勺内余汁调入油泻开，浇淋于菜肴上面。明油加入芡汁后，搅动颠翻不可太快，避免油芡分离。

五、勾芡注意事项

勾芡作为做菜的终末环节，往往决定菜肴的成败，一旦勾芡失败，便前功尽弃，因此，实际操作中应注意以下几个方面。

(1) 掌握好勾芡时间。一般应在菜肴九成熟时进行，过早勾芡会使卤汁发焦，过迟勾芡易使菜肴受热时间长，失去脆、嫩的口味。

勾芡之前必须保证菜基本熟透或者达到想要的程度，因为在勾芡之后不宜再炒太久，否则吃起来就会有苦感，大大影响了菜的口感。不过不同种类的芡所需要加热的时间不同，一般来说小麦淀粉需要的时间略长，大家可以通过颜色变化或者亲自品尝来判断。

勾芡时对每个阶段时间的正确掌握是很难的，这正能看出厨师对技术手法的熟知程度和基本功的扎实情况。

(2) 勾芡的菜肴用油不能太多，否则卤汁不易粘在原料上，不能达到增鲜、美形的目的。

(3) 菜肴汤汁要适当，汤汁过多或过少，会造成芡汁的过稀或过稠，从而影响菜肴的质量；芡和水的比例及用量要恰当。

(4) 用单纯粉汁勾芡时，必须先将菜肴的口味，色泽调好，然后再淋入湿淀粉勾芡，才能保证菜肴的味美色艳。芡有很多种类，特性也不同，因此用处也不尽相同。

(5) 注意火候。火候小了，芡汁不够黏稠，影响菜品的质量没法食用，火候大了又会变煳变焦，加上芡本身的吸水性和遇热糊化的特性，很容易发生炒煳的现象。

六、勾芡的操作要领

(1) 准确把握勾芡及成熟的时机。勾芡应在菜肴成熟、出锅前进行勾芡，勾芡过早，容易使芡汁糊化黏稠。

(2) 严格控制菜肴汤汁数量。要区别不同菜肴的汤汁的多少，要根据菜肴的要求和汤汁的多少，掌握好勾芡的黏稠度，如烧烩菜和爆炒菜，勾芡对汤汁的要求就不一样。

(3) 必须先将菜肴调准口味和颜色。菜肴勾芡前，要调制好菜肴的口味和颜色，勾芡后不宜再进行调味和上色。

(4) 恰当掌握菜肴的油量。菜肴的油量过多，原料的表面布满油，不容易使芡汁包裹在原料上。

(5) 准确调制芡汁的浓度。芡汁的多少和芡汁的浓度有关，芡汁的浓度高，勾芡时少用芡汁，浓度低，可以多用点芡汁。

(6) 灵活运用勾芡技术。勾芡要视菜肴的标准，灵活勾芡。勾芡结束后，要明油，即常说的“明油亮芡”，要灵活掌握对明油的使用，油含量多的菜肴可不加或少加明油，油含量少的菜肴可多加明油，补充不足。走油类菜肴，明油可少加，烧、扣类欠汁较多，可多加明油。

(7) 要熟悉不同淀粉种类的性质

由于淀粉的种类不同，其性质特点也不一样，有的淀粉黏稠度比较高，有的淀粉色泽较暗，因此要掌握好各种淀粉的性质，在烹调中灵活运用。

淀粉吸湿性强，还有吸收异味的特点，因此应注意保管，应防潮、防霉、防异味。一般以室温15°C和湿度低于70%的条件下为宜。

勾芡要选择淀粉作为主要原料。淀粉品种主要有绿豆粉、土豆粉、玉米粉、山芋粉等。

根据菜肴的不同，选择不同性质的原料和调味品，按比例调和倒入锅中高温搅拌，最后用不同的方法或淋或拌或浇到菜上，就能够做出不同口感的菜来了。

淀粉之所以能够作为勾芡的主要原料，是因为它在温度达到一定程度的时候能够在水里发生变化，一般变黏变

▲ 中餐烹调

稠，这就叫作淀粉的糊化作用。

水主要是起到了中和的作用，为了避免煳锅，增加原料中的水分，调和糊、浆、粉汁之间的黏稠度。

调料则是根据菜肴的不同选择不同的适合的调味品，放多放少全凭做菜人自己把握。喜欢重口味和淡口味的人也不一样。

勾芡是做菜当中的一个重要环节。认识到勾芡在烹饪中的重要性，同时也极其考验厨师的能力。但还是要充分认识到什么时候应该勾芡，什么时候不应该勾芡。应该勾芡的时候可以给菜锦上添花，不应该勾芡的时候勾芡了反而会适得其反。所以说要进行合理的勾芡。

勾芡只是烹饪过程中的一个环节，还需要和其他步骤一起配合才能够做出一道完整的菜。做菜的人也需要通过对勾芡的掌握和对其他做菜步骤的练习不断进步，从而做出色香味俱全的菜。

想要勾好芡还是需要一定技术的，仅仅凭借经验还是远远不够的，还需要掌握一定的技巧，对勾芡有整体的了解。

七、勾芡的用料

勾芡的原料主要是淀粉（生粉）和水，使用前需将淀粉（生粉）用冷水浸泡透，然后再调制使用。

淀粉在一定温度的水中先膨胀，然后淀粉粒内部各层初步分离，接着破裂，出现胶黏现象；最后成为具有黏性的半透明凝胶或胶体溶液，这就是糊化。淀粉的种类不同，糊化的温度不同，常用的有以下几种。

1.绿豆淀粉

这是淀粉中质量最好的，黏性足，颜色洁白，微带青绿色，有光泽。但吸水性较差，因此要掌握好用量，并需在使用前将其浸在水中泡透，还要经常换水，否则容易变质。用绿豆淀粉勾芡可使菜中的卤汁非常均匀，无沉淀物又不吃油。冷却后水不易从浓稠的卤汁中分离出来，效果极好。

2.土豆淀粉

这是淀粉中质量较好的，其质量与绿豆淀

粉差不多，并具有光泽鲜明、质地细腻的特点，放在手中搓揉会发出吱吱的响声。这种淀粉是我国北方菜肴烹调中较常用的淀粉。

3.玉米淀粉

这种淀粉糊化后黏性足，吸水性比土豆淀粉强，有光泽，脱水后脆硬度强于其他淀粉。

4.小麦淀粉

这种淀粉黏性和光泽均较差，使用时用量必须比土豆淀粉多一些，否则勾芡后易沉淀。

5.蚕豆淀粉

黏性足，吸水性较差，色洁白、光亮、质地细腻，它是我国南方较为普遍使用的勾芡原料。

6.山芋淀粉

黏性差，吸水性较强，无光泽，色暗红带黑，质量最差，勾芡后易沉淀，使用时，量必须多一些。

此外，荸荠淀粉、米粉、菱角粉等也可作为勾芡的原料，但使用极少。

尽管在当前的勾芡应用和分析的过程中各种菜肴不断地优化完善，但是其中存在的各种问题也是不容忽视的，在烹饪的过程中，勾芡是确保菜肴质量的重要手段和方式，但是在其应用的过程中，对存在各种不足现象的综合分析，针对勾芡过程中的各个要点都要严格控制，若将不适用勾芡的菜肴勾芡，会出现适得其反的效果，因此在菜肴的勾芡过程中要合理地控制各个勾芡环节。

▲ 中餐烹调

在菜肴的勾芡过程中要合理地控制各个勾芡环节，确保菜肴营养和外形搭配能够满足人们的食欲需求。

八、勾芡的方法

1.淋

淋一般使用白汁芡，白汁芡是用淀粉加入清水或鲜汤拌和而成，通常是将汤汁、调味品下好，然后再用淀粉来勾芡如大米汤，它可以使汤汁变得稍微浓厚，主要作用是稠汁、保温、增加色泽等。将原料炒熟后，慢慢地把白汁芡淋入锅内，一边慢慢晃锅，多用于煲汤，做卤、烧、烩类菜肴，如白汁全鸡、三鲜鱼片、酸菜鱼汤等。

2.浇

就是将已熟的原料先盛入盘内，再把做好的芡汁均匀地浇到菜上，能够保证菜的外表酥脆爽口，菜的里面香滑肉嫩，增加菜肴的口味和色泽，不破坏菜原来本身的口感，还保持住了它的营养成分。多用于软熘、浇汁等一类菜肴。如蒸制的“白汁鱼肚卷”、烧制的“金钩吉庆”、炸熘的“糖醋脆皮鱼”等，都是用的最后浇上芡汁的方法。

3.拌

拌的方式有两种：一是在原料断生时将兑好的滋汁倒入锅内，快速拌炒，使芡汁裹附在原料上，如爆凤尾腰花，炒宫保鸡丁、鲜熘鱼片。二是把炸好的原料捞出，锅内留少量底油，下入兑好的滋汁，倒入锅内推匀，待汁收浓起泡时，再下入炸好的原料拌炒，使芡汁均匀地裹附在原料上，如炸制鱼香脆皮鹌鹑蛋。

（1）碗内对汁翻拌法

将菜肴所需调味品（黄酒、醋等除外）、汤汁、湿淀粉兑成调味汁，倒入加热成熟或接近成熟的原料内，然后快速颠翻锅或拌炒，使芡汁成熟、均匀地裹在原料上，然后装盘。

适用范围：适宜于爆等烹调方法制作的一类菜肴，多用于急火速成、需要勾厚芡的菜肴。

作用：使芡汁全部包裹在原料上。

(2) 锅内勾芡搅拌法

将原料烹调成熟或接近成熟时，将调好的湿淀粉直接淋入锅中，颠翻、搅拌，使芡菜融合，然后装盘。

适用范围：多用于滑熘、炸熘、扒、红烧、烩等烹调方法制作的菜肴。

作用：使汤汁浓稠，促进汤菜融合。

4.裹

这种芡比较浓稠，为的是可以让芡充分包裹住原料，使里面的原料受到保护，使汤汁中的调味剂和菜品融合得更加充分，不至于吃起来感觉“不入味”，如炸鸡腿、炸茄盒等，吃完后盘底几乎看不到汤汁，所渗出的汁都又浸入原料，因此使食物的营养得以更多的保留。

九、勾芡应掌握的技巧

1.搅拌均匀

要使淀粉颗粒在水中充分溶解，不能夹有粉粒疙瘩，否则，影响勾芡的效果。

2.稀稠适度

如果芡汁太稠，下锅后会出现粉疙瘩；太稀了又会使菜肴的汁液变多，不符合成菜的要求。

3.勾芡时机

芡汁早了容易煳锅变味，芡汁下迟了又会使原料过火而不脆嫩。因此勾芡的最佳时间，应在主料断生，汤汁沸起之时。

4.汤汁的量

一般以汤汁相当于主料的1/3时勾芡为好，如果汤汁多了，应在旺火上略收一下再勾芡；而汤汁少时，可以沿锅边淋入一些汤汁后再勾芡。

5.口味确定后再勾芡

在使用没有味道的芡时，如不事先调好口味，等勾芡后再加调味品是很难入味的，因为芡粉变黏变稠，会阻挡调味品溶入菜汁内，使菜肴的口味无法再进行调整。

6.勾芡时火力要足

如果汤汁未烧开或火力过小，很容易使芡汁成熟不均匀。而芡汁不能完全成熟的最大弊病，就是淀粉腻味突出，严重影响菜肴本身的美味。

7.底油的量

勾芡时锅内的油要适量，油多了芡汁不易挂上原料上，应滗去一点；油少了芡汁不明亮，可在勾芡之后上菜之前浇上少许明油。

尽管勾芡是改善菜肴口味、色泽、形态的一个重要手段，但并不是每一个菜肴都要勾芡，若将不适于勾芡的菜肴勾上芡，其效果则适得其反。应根据菜肴的特点、要求来决定勾芡的时机和是否需要勾芡。

如清蒸类菜肴不宜勾芡；炒制清爽脆嫩的时令鲜蔬不宜勾芡；一些富含脂肪蛋白的原料，用烧、扒、焖等方法成菜则不宜勾芡；清汤或奶汤的菜肴也不宜勾芡，否则有损菜肴的风味特色。

而有些特殊菜肴，要待勾芡后才能下主料，如酸辣汤、翡翠虾仁羹等。

▲ 中餐烹调

任务十 码味

▲中餐烹调

一、码味的概念

码味又称入味、着味，是按照成菜的要求，在菜肴烹制前对原料进行一定数量、时间、调味品进行入味的操作技术。对炒、爆、熘、蒸、炸、煎、炝、酱、卤、烤烹调方法制作菜肴，它直接影响菜肴的味感和质感。

二、码味的作用

1.祛除异味

有些动物性原料具有较强的腥、臊、膻异味，原料不以直接烹调，可以通过加调味品码味，使原料之间发生相互抵消作用或减轻异味效果，并具有增加鲜香的作用。

2.渗透入味

原料在烹制前经盐等调味品码味后，使调味品中的咸味、香鲜味渗入到原料中，特别是一些炸制类菜肴，在烹调中不容易进行调味，需要事先实现腌制，渗透入味。

3.保持原料的细嫩鲜脆

肉类原料经过码味，在盐和碱以及制嫩剂的作用下，能提高肉类原料的持水性，使原料成菜后具有良好细嫩质感，蔬菜类原料在盐的渗透作用下，析出水分，使颜色鲜艳，菜肴质感细嫩鲜脆。

4.原料上色作用

对于肉类原料，加入一些有色调味品如酱油、糖色、蜂蜜等，对原料成熟后具有上色功能，呈现色泽金黄或红润，增加菜品的色感及味感，如烤鸭、炸鸡腿。

三、码味调味品的种类

原料码味在盐、白糖、料酒、葱、姜、花椒、香料、酱油等调味品的作用下，在一定程度上起到解除腥、膻、臊、土、涩等异味，具有打底味、增加鲜香味的作用。

（一）咸味类调味品

咸味类调味品主要有食盐、酱、豆豉各种调味品。

咸味调味品可以使肉类中肌原纤维中的盐溶性肌蛋白在咸味（盐）作用下不断搅拌而被游离出来，增加蛋白质的亲水能力，不断搅拌使肌肉的柔嫩性得到一定程度的改善，使成菜后质地细嫩。

咸味类调味品在码味过程中，具有渗透作用，使原料的水分脱出，并把调味原料渗透入原料内部，使原料入味，加热后风味独特。

咸味类原料还有调色和上色的作用。原料用有色的咸味调味品码味腌制入味后，通过炸、烤、卤、酱等烹调技法，原料成熟后色泽美观，达到菜品色泽要求。

咸味类颜料还可增加菜肴的基本味，突出鲜香味。原料经过一段时间腌制，对一些整只或料形较大的原料，起直接调味作用。

（二）其他类调味品

其他类调味品包括葱、姜、蒜、料酒、八角、花椒等香料。先将所调味装入碗内，调匀后，再与原料拌和均匀。

要区别不同情况进行码味，大型的原料，要腌制码味时间长一些，小型原料，腌制码味时间要短一些；需要挂糊、上浆，则在挂糊、上浆前进行码味。

(1) 由精盐、五香粉、葱、姜、花椒等调味品进行的码味，以突出五香味为主，一般用于炸、蒸、炸收等类菜肴。

(2) 由精盐、胡椒、葱、姜、料酒等调味品进行的码味，以突出咸鲜味为主，主要用于蒸类菜肴。

(3) 由精盐、葱、姜、料酒、花椒等调味品进行的码味，以突出咸鲜和葱姜香味为主，此种方法用于炸、蒸、炸收、熏等菜肴。

(4) 由精盐、料酒、酱油或只有精盐等调味品进行的码味，用在原料上浆前，主要用于爆、炒、熘等菜肴。

(5) 由精盐、料酒、火硝、花椒等调味品进行的码味，一般适合于腌、卤、酱、熏、烤等类菜肴。

(6) 只用精盐码味。适合于蔬菜类原料，以便渗透入味，保持原料的细嫩鲜脆。一般用于炒、炝、干煸、凉拌等类菜肴。

▲ 海胆酱焗龙虾仔

四、码味的原则

1.与原料充分拌匀

将码味的调味品配合调匀放入原料后，拌和均匀，码味均匀，才能达到码味的预期效果。

2.按照成菜要求，有所突出

码味的多种调味品，一般要严格按照成菜要求，在组合上有所突出。如五香味的菜肴，应重用香料和五香粉。不是五香味的菜肴，只借助五香粉和香料的增香作用，其用量就绝不能喧宾夺主；对腥、臊等异味较重的原料，应重用料酒、葱、姜等；本味较佳的原料烹制时应突出鲜味，调味品起着辅助作用。

3.要根据烹调方法而灵活运用

如醪糟汁、酱油，极易在炸制时使原料上色，使成菜的色泽较难把握。因此，在制作炸类菜肴的原料的码味时，最好慎用或不用，或以料酒、曲酒、白酒、精盐代替。又如，炒、熘、爆类菜肴，有的要求成菜后色泽要求棕红或深黄，其原料的码味，就可加入酱油，以获得良好的效果。

4.正确掌握码味的时间

码味的时间应根据烹制要求而定，一般作为炒、熘、爆、清蒸类的菜肴的原料，码味时间以拌匀即入锅烹制为准；而炸、旱蒸、熏、腌、卤、烤、拌类菜肴的原料，码味时间应根据需要而定。一般而言，做咸鲜味型菜肴的原料码味时间短；五香味型的时间长；咸味重的时间长，咸味轻的时间短；异味重的时间长，香味足的时间短。

5.保持蔬菜类的色、形、质地

蔬菜类的原料，用精盐码味后，以自然滴干水分为宜，不能用手掐挤或重物挤压，以免影响原料的色、形、质地而降低菜肴的质量。

6.精盐用量适当

使用食盐码味，用严格掌握其用量，过多或过少都会影响成菜的质量。

任务十一 装盘

一、装盘的概念

菜品盛装，行业上习惯称为装盘，就是将可食菜品整齐、有序、美观、洁净地装入盛器中的操作过程。它是整个菜肴制作过程中的最后一道工序，也是一项很重要的技术操作。它不仅关系到菜肴外观形态的美观，而且涉及菜肴的清洁卫生。但装盘，并非一件你“想学就能学”，一学就“立竿见影”的事。

菜品装盘更要考虑“餐厅等级”。所谓“等级”，其实就是餐厅消费者定位。因为不同消费层级的人，对装盘的需求也会不同。就像人的需求分生理需求、安全需求、社交需求、尊重需求一样，菜品装盘根据餐厅定位不同，也分不同的层级。

一级：解决消费者日常三餐，消费人群注重性价比，装盘呈现表现为量大价优 。

二级：解决消费人群的初步消费升级，即对产品品质的需求。装盘呈现要标准、原材料要可视化安全，量大价优的性价比模式可相对忽略。

三级：满足消费者的分享欲望。装盘需要有一定的可视化美观，让人产生拍照欲望，进行社交分享 。

四级：给消费者一个身份的认可，需要设置消费门槛，划分消费层级。让能够体验到菜品的人，有一种被特殊对待的感觉 。

▲ 中餐烹调

二、基本要求

1.突出主料，形状饱满

主料突出菜肴应该装得饱满丰润，不可这边高，那边低，而且要突出主料。如果菜肴中既有主料又有辅料，则主料装得突出醒目，不可被辅料掩盖，辅料则应对主料起衬托作用。如回锅肉，装盘后应使人看到盘中肉片很多，如果装盘后让其他辅料掩盖了肉片，就喧宾夺主了。即使是单一

▲ 石锅黄豆焖猪手

▲ 中餐烹调

料的菜，也应当注意突出重点。如清炒虾仁，虽然一盘中都是虾仁，但要运用盛装技术把大的虾仁装在上面，以增加饱满丰富之感。

2.色彩搭配合理协调

装盘时还应当注意整个菜肴的色和形的和谐美观，运用盛装技术把原料在盘中排列成适当的形状，同时注意主辅料的配置，使菜肴在盘中色彩鲜艳、形态美观。如红烧划水，应将划水（青鱼尾巴）在盘中交叉排列；红烧肚裆应将肚裆（青鱼腹部）平行整齐排列；又如南乳肉应装在盘的正中，四周或两头用绿叶菜围边，以使色泽更加鲜艳。

3.盛装迅速，数量均匀

如果一锅菜肴要分装几盘，那么，每盘菜必须装得均匀，特别是主辅料要按比例分装均匀，不能有多有少，而且应当一次完成。因为如果发现有的装得多，有的装得少，或前一盘装得太多，发现后一盘不够，而重新分配，势必破坏菜肴的形态。而且把装得多的盘中沿着盘边拨下，一定会卤汁淋漓，影响美观。

4.注意食品安全卫生

菜肴经过烹调，已经起了消毒杀菌作用。如果装盘时不注意清洁卫生，让细菌或灰尘沾染上菜肴，就失去了烹调时杀菌消毒的意义。为此，应当做到以下几点：

（1）菜肴必须装在经过消毒的盛具内。

（2）手指不可直接接触成熟的菜肴。

（3）在装盘时不可用手勺敲锅，锅底不可靠近盘的边缘，更不应该用不卫生的抹布揩擦盘边，使已消毒的盛具重新污染。

三、菜品与盛器的配合原则

1.菜肴的分量与盛器大小相适合

根据菜肴的分量和形状，选择大小合适的盛器。如果选择的盛器过小，则盛器显得太局促；选择盛器过大，则盛器过于空旷，很不和谐。汤羹类菜肴不能装得过多或过少，一般占盛器的80%～90%。

2.菜肴与盛器类相宜

菜肴的品种繁多，应根据菜肴的特点和形状、汤汁的多少选择适合的盛器。一般而言，炒菜用圆盘或腰盘；汤汁较多的煮烩菜可用窝盘；汤菜用汤碗；高级汤菜用瓷品锅；扒菜用扒盘，整鸡、整鸭则用长腰盘。用竹笼、汽锅、沙锅制作的菜肴，不另用盛器，即可上席。此外，适当选用异型盛器或用洗净消毒的动物外壳（如海螺、蟹壳等）作盛器入席，能增加宴席欢乐的气氛。

▲ 中餐烹调

▲ 中餐烹调

3.菜肴的色泽与盛器的色调应协调

菜肴的色泽与盛器的色调应协调，和谐美观。如色泽洁白的“熘鸡脯”，用白盘盛装，则不能衬托菜肴的色泽美，如果用色调淡雅的青色或淡蓝色花边瓷盘盛装，则色彩搭配柔和雅致。“干烧鱼”“红烧蹄髈”等深色菜肴，宜选用浅色或白色盘盛装。由于色彩对比强烈，使人感到鲜明醒目，再用绿色蔬菜点缀，色彩过渡就较为自然。另外，选用盛器应注意冷暖色的运用，如蓝色常能联想起蓝天和大海，使人感觉冷；红色常能联想起红日，使人感觉热。随季节变化灵活选用盛器，能给人以赏心悦目的感觉。

4.菜肴的档次与盛器的质地要相称

高档餐具（金器、银器等）做工精细，造型别致、色调考究，专门用于盛装高档菜肴。一道制作精美的菜肴，如果用质量低劣的盛器盛装，会降低菜肴的身价；反之，一道普通菜肴用贵重餐具盛装，会产生不协调和华而不实的感觉。

四、装盘的方法

菜品盛装有两类，一是热菜的盛装，二是冷菜的盛装。不论哪一类，具体方法都很多，应根据菜肴的形态、特点、芡汁的浓度、汤汁的多少及烹调方法的不同，灵活运用具体盛装方法。

（一）热菜的盛装

1.炸制、煮制类菜肴的盛装

此类菜肴是以油或水为传热介质使原料成熟，菜品特点是无汁无芡。

具体方法：

用漏勺捞起原料，沥净油或水，然后用手勺或筷子等工具将菜肴拨入盛器内，去掉渣状物，再适当调整，使菜肴排放整齐或堆放饱满，形状大的先改刀再盛装。如干炸里脊、干炸丸子、雪丽凤尾虾、炸板肉、锅烧鸭、萝卜鱼。

2.炒、爆类菜肴的盛装

炒、爆类具体方法：爆类菜肴的特点是组成菜肴原料的形状较小，汤汁较少或芡汁薄而紧。

（1）拉入法：盛装前先颠翻勺尽量将形状完整和主要原料集中在上面，然后将铁锅倾斜，用手勺左右交叉，将菜肴拉入盘内。

（2）覆盖法：盛装前先颠翻勺，使菜肴原料集中，将形状整齐及主要原料颠入排勺，然后将剩余部分装入盘内，最后将手勺中的部分覆盖在上，覆盖时用力要轻，使菜肴圆

▲ 中餐烹调

Design

TASK 11

润饱满，形态美观。

3.熘、烧、焖类菜肴的盛装

熘、烧、焖类菜肴成品都带有一定数量的汤、芡。

具体方法：

(1) 拖入法：主要适用于整体原料烹制或质嫩易破碎的菜肴，如熘鱼片、浮油鸡片、红烧鱼、酱焖鱼等，盛装前先转动原料，然后倾斜铁锅，将原料慢慢拖入盘内，也可采用手勺或其他工具配合。

(2) 盛入法：主要适用于原料烹调后不易散碎的菜肴，具体方法是用手勺将菜肴分次盛入盛器内，操作时，形状整齐的盛在面上，多种原料组成的菜肴要盛得均匀，动作要轻，不要损伤菜肴的形态，汤汁不要淋落在盘边。

4.蒸、扒类菜肴的盛装

蒸、扒类菜肴的特点一般都是形态较整齐美观。

(1) 扣入法：主要适用于原料改刀成形后，定碗蒸制使之成熟的一类菜肴。具体方法是将改刀成形的原料，好面朝下，整齐地码入碗内，不整齐或碎料装在上面，加调味汁，蒸制成熟后，沥去汤汁，扣入盘内，然后调制原汁浇在上面即可。扣入法装盘的菜肴圆润、整齐、美观。

(2) 拖入法：整扒类菜肴一般都采用拖入法盛装，扒类菜肴讲究造型，装盘技巧性强，难度也较大，具体方法是先将铁锅转动，使原料整体运动，大翻勺将好面朝上，并保持原形整齐不变，拖滑入盘内。如扒芦笋鲍鱼、扒肥肠菜心等。同时，此方法还适用于塌、煎、贴等类菜肴的盛装。

5.烩类菜肴和汤菜的盛装

烩类菜肴和汤菜汤汁较多，多用汤盘。

(1) 盛入法：用手勺直接盛入盛器内。

(2) 倒入法：将菜肴直接倒入盛器内。

(二)冷菜装盘的方法

大致有排、堆、叠，围、摆、覆等六种装盘的形式和方法，都是与原物料的加工成形（条、片、块、段等）密切相关的。因此，冷菜装盘，有赖于刀工的配合。

(1) 排：将熟料平排成行地排在盘中叫排。排菜的方式，大致有单盘、拼盘、花色冷盘等三种。用较厚的方块或腰圆块（椭圆形），且有各种不同排法：如“火腿”宜排成锯齿形，逐层排叠，可以排出多种花色。“油爆虾”或“盐水虾”宜剥去头部的壳后，两只一颠一倒拼成椭圆形。

(2) 堆：堆就是把熟料堆放在盆中，一般用于单盆，如荤菜中的卤肫肝、酱牛肉、叉烧肉、油爆虾等，素菜中的拌干丝、卤汁面筋、拌双冬等。在堆的时候也可配色，堆成花纹，有些还能堆成很好看的宝塔形。

(3) 叠：叠是把加工好的熟料一片片整齐地叠起，一般摆成梯形，叠时需与刀工结合起来，随切随叠，切一片叠一片，叠好后铲在刀面上，再盖到已经用另一种熟料垫底盖边的盆中。如火腿片、白切肉片、猪舌、牛肉、羊羔、盐水肫、卤腰、如意蛋卷、素火腿等，都是采用这种装盘方法。

(4) 围：将切好的熟料，排列成环形，层层围绕，叫作围。用围的装盘方法，可以将冷盘制成很多花样。有的在排好主料的四周，围上一层辅料来衬托主料，叫作围边。有的将主料围成花朵，在中间用另一种辅料点缀成花心，叫作排围。如将皮蛋切成瓜楞形围成花形，中心撮一些火腿末或肉松，作为花心，形状就更美观。

(5) 摆：是运用各式各样的刀法，采用不同形状和色彩的熟料。装摆成各种物形或图案，如凤凰、孔雀、雄鸡等，叫作摆。这种方法需要有熟练的技术，才能摆得生动活泼，形象逼真。

(6) 覆：将熟料先排在碗中或刀面上，再翻扣入盘中或菜面上叫作覆，如冷盘中的油鸡、卤鸭，斩成块后，先将正面朝下排扣碗内，加上卤汁，食用时再翻扣入盘里。

任务十二 盘饰点缀

一、盘饰点缀的概念

菜肴的美化也称为盘饰点缀，就是在菜肴盛装好后的适当位置放一些物品，对菜肴的整体形态及色彩进行衬托、点缀、装饰的操作过程。

二、盘饰点缀的作用

1.对菜肴色彩造型给予补充、画龙点睛

一盘普通菜肴，如果我们注意适当装饰，同样会使人产生美感。诸如：鲁菜的“炒虾片”，如果我们不给它加以点缀，它也不过是一盘较好的普通菜肴。当烹制时，给它配上几片小菜心、盘边点缀几朵鲜花，效果就截然不同了。洁白如雪的虾片，衬着几点碧绿的菜心，在色彩上有了鲜明的对比，盘边所饰的鲜花，真有万绿丛中一点红、白雪之中春意浓的趣味。通过这简单的点缀，既省时省料，又能提高菜肴的观赏价值。

▲ 中餐烹调

2.衬托平衡

菜肴形态，有时会给人一种头重尾轻的不舒适感，这种感觉多出现在鱼类菜肴中。由于鱼本身形状具有其特征，特别是烹制整条鱼时，是无法改变这种状况的，那么，只有通过适当点缀装饰，才能使其趋于平衡，给人以平衡的美感。诸如“红烧鱼”，在点缀时，应把点缀的花朵放置在鱼尾的背部，这样就使鱼趋于平衡了。平衡是菜肴形式美中的规则之一。所以，我们在点缀菜肴时，要本着这一规则，让菜肴更加美观悦目。

3.突出菜肴的整体美观

通过视觉，直接给人以美与不美的感受。而菜肴的点缀，恰恰又能够弥补这种美中的不足。如我们在菜肴的制作过程中，难免要有一些技术上的失误或误差，像烹制“红烧鱼”，在出勺时，由于不慎将鱼的表皮弄破了，这样上桌当然不美观，有经验的烹饪师则会用一些香菜叶加以点缀，这种点缀既起到了“遮丑”，又有了美化的作用。作为一名优秀的烹饪师，不但要有调味的绝技，还要掌握这种烹饪之中的辩证法，合理运用菜肴点缀的技艺。

4.使菜肴的色、香、味、形、意更加完美，以动衬静、活跃气氛

菜肴的形态，成形于器皿之中，无论是高档菜肴，还是普通菜肴，无论是热菜，还是冷菜，往往存在着一种呆板之感。这种感觉，有时是因原料本身形态所造成的，有时也是由布局不当或其他原因所致。如果我们点缀得当，就能把全盘菜肴带活，使之富有动感，因此也提高了菜肴的艺术性，在给人以美味的同时，又给人以精神和艺术的

▲ 驴肉拼驴肠

享受，它不但渲染烘托了宴席的气氛，而且又起到了增进食欲的作用，给人以美的享受。

三、菜肴美化的基本原则

根据菜肴的实际需要进行点缀，围边是对菜肴装饰的基本方法，如果菜肴在装盘后，在色形上已经有比较完美的整体效果，就不应再用过多的装饰，否则，会有画蛇添足之感，失去原有的美观。如菜肴在装盘后的色、形尚有不足，需用围边和点缀进行装饰，选用何种色、形的原料，如何进行装饰，应从以下几方面综合考虑。

1.卫生安全

装饰美化是制作美食的一种辅助手段，同时又是传播污染的途径之一。蔬果饰物一定要进行洗涤消毒处理，尽量少用或不用人工色素。装饰美化菜肴时，在每个环节中都应重视卫生，无论是个人卫生还是餐具、刀具卫生都不可忽视。

2.实用为主

菜肴装饰美化的实用性，实质上就是装饰物能够食用，方便进餐，而不是做摆设。所以，以食用的小件熟料、菜肴、点心、水果作为装饰物，来美化菜肴的方法就值得推广；而采用雕刻制品、琼脂或冻粉、生鲜蔬菜、面塑作为装饰物，来美化菜肴的方法就应受到制约。

3.经济快速

菜肴进入筵席后往往被一扫而空，其装饰物没有长期保存的必要，加之价格、卫生等因素及工具的限制，不可能搞很复杂的构图，也不能过分地雕饰和投放太多的人力、物力和财力。装饰物的成本不能大于菜肴主料的成本。

4.谐调一致

首先，装饰物与菜肴的色泽、内容、盛器必须谐调一致，从而使整个菜肴在色香味形诸方面趋于完整而形成统一的艺术体。其次，筵席菜肴的美化还要结合筵席的主题、规格与宴者的喜好与忌讳等因素。

四、菜肴装饰物的选择

（一）装饰物的含义

装饰物是放在盘上或汤碗中，附加于主要食物的任何食品。装饰物可以使食物美观，但它并不是重点。

可用于菜肴的装饰物很多，有植物性原料，也有动物性原料，可根据具体情况具体选择原料。在选择原料时必须注意三个问题：

第一，所选的原料必须能直接食用；

第二，所选的原料必须符合卫生要求，最好少用或不用人工合成色素；

第三，所选的原料的颜色必须鲜艳，形状利于造型。

（二）装饰物的原料及运用

1.水果类

如糖水橘子、樱桃、苹果、菠萝、柠檬、西瓜、香瓜、香蕉、杧果、猕猴桃等，色彩各异，一般作冷菜、甜菜的装饰原料，既可增色、组合成形，又可调节口味。

2.蔬菜类

如胡萝卜、白萝卜、洋葱、青椒、黄瓜、绿叶菜、莴笋、海带、卷心菜、四季豆、竹笋、百合藕、莲子、南瓜、银耳、琼脂、口蘑、草菇、金针菇、蘑菇、粉丝等，可刻成花卉或改刀成形，用于冷菜、热菜的装饰点缀，色形俱全，效果甚佳。另外，生姜、青蒜、香菜可切成丝或做花叶形状，用于炸制菜的点缀，既有助于色形的调配，又能起到一定的调味作用。炸粉丝经加工拼成各种花卉形态，也可用于菜肴的点缀。

3.动物类

如熟牛肉、鸡蛋糕、香肠、炸虾片、海蜇头、猪舌、猪心、肴肉、鲍鱼、蛋松、蛋品、各种蓉胶、各种蛋卷等。

（三）雕刻工艺及成品

雕刻工艺是指运用雕刻技术将烹饪原料或非食用原料制成各种艺术形象，用来美化菜肴、装饰筵席或宴会的一种工艺。根据雕刻使用原材料的不同，可分为果蔬雕、黄油雕、糖雕、冰雕及泡沫雕等种类，近来又出现了琼脂雕和豆腐雕。艺术欣赏是雕刻的根本目的，所以，从古至今，所有的雕刻制品都是以欣赏为主的，尽管极少量的雕刻制品能够食用。

1.雕刻的主要类型

雕刻的类型主要有果蔬雕、黄油雕、糖雕（糖塑）、冰雕、泡沫雕、琼脂雕、豆腐雕等。由于上述雕刻工艺的应用日益繁多，对雕刻的品质要求越来越高，目前已有专门的公司从事冰雕、泡沫雕、黄油雕、蔬菜雕等对外加工业务，为宾馆酒店、婚庆礼仪公司、婚纱摄影公司及个人精心制作各种雕刻作品，给人以高档次的享受。

▲ 中餐烹调

▲ 中餐烹调

2.雕刻成品的应用

(1) 用于筵席、宴会展台及桌面的装饰。果蔬雕刻作品常用于盛大的宴会气氛的渲染和环境的美化，以及中、小型筵席宴会台面的装饰和菜肴的造型、点缀及盛装，为整个筵席、宴会起着烘云托月、锦上添花的艺术效应，具有独特的魅力。

(2) 用于菜肴的美化。在冷菜中，雕刻作品对冷盘起着点缀美化的作用；在热菜中，能借助食品雕刻提高菜肴的艺术性。在水果拼盘中，可利用西瓜皮进行简单雕刻的鱼、龙、凤、人物以及吉祥字样等图案，插在水果之中点缀。

五、点缀围边的运用法则

菜品的点缀围边，在实际运用中应不断创新，但是万变不离其宗，点缀在实际运用中要遵照详细的运用法则。

法则一：冷热菜的点缀围边应以菜品的特色为依据来举行。详细表现为：一是菜品的色泽，一般采用反衬法，若菜色为暖颜色，则点缀物为冷色，目的是凸显菜品本色；二是菜品成菜的形态，如碎形原料：条、块、片等，可以采用全围点缀，而整形原料：鸡、鱼、鸭或咸鸡腿、大虾等则可以采用中间点缀或对称、半围式点缀法；三是菜品的品种，如汤菜可以用不怕水，能浮于水面上的点缀物，而蒸菜、炒菜则可以因菜而异，如加丝点缀；四是菜品滋味，糖萝卜可以用甜味点缀物，麻辣味菜可以用味淡的点缀物。总之，要以不影响菜品的原有风味为宜。

法则二：宴会菜品的点缀要依据宴会的档次，欢迎的对象，详细菜品等进行摆设。一是一般的家宴，多为家常菜品要用普通的原料进行点缀，档次不要太高，不然，有主次不分之感；中档宴会的菜品比较讲究，要用特殊原料进行点缀，以免破坏整体气氛。二是欢迎对象的要求与喜好，如是外来客人，应思量用当地的特色原料做点缀物，表现菜品风味，同时还应注重一些不受喜欢或忌讳的花草不可以用来点缀菜品，以免揠苗助长。三是欢迎对象的自身因素，包括年龄、性格、喜好等，年龄大的可以采用寓意长寿、祝愿的点缀物；春秋小的则可以采用颜色热烈、明白通畅的点缀物。

六、点缀、围边的注重事项

按照菜品的实际需要进行点缀、围边是对菜品装饰的基本要领，如果菜品在装盘后，在色形上已经有比较完善的整体效果，就不应再用过多的装饰，不然，会有弄巧成拙之感，失去原本的美。如菜品在装盘后的色、形尚有不足，需用围边和点缀进行装饰，就应考虑选用何种色、形的原料，如何进行装饰，应从以下几个方面综合考虑。

1.按照菜品成品的色泽装饰

围边、点缀料色的选择应以菜品的颜色为依据，如菜品色泽为冷色，就用少量暖色原料装饰；菜品的主色调是暖色，就用冷色原料装饰。以菜品的主色调为主，适当点缀和围边，使菜品的颜色凸显。

▲ 中餐烹调

▲ 碎蒸东星斑

2.按照菜品的形态确定装饰

用料、刀工、烹饪要领的不同，菜品的成品具备末、丝、丁、片、块、整形等不同的形状，若是末、丝、茸等料形烹制的菜品，可用围边进行装饰，这样可以使混乱菜品变得整洁；若是造型的菜品（龙凤腿），则可以在盘子中间适当点缀；若是整形烹制的菜品，就宜用局部点缀的要领进行装饰。

3.按照菜品的口味确定装饰

以食用为主的装饰物，一定要思量其口味与菜品之间的关系，为了防止变味，一般甜的菜品宜选用水果衬垫；煎炸菜应配爽口原料；咸鲜味的菜品就应选用咸鲜味的装饰物较好。如在白斩鸡上点缀红樱桃，就显得不协调了。

4.注重清洁卫生

尤其是用未加工的原料点缀、围边，更要注重卫生，不然菜品易受污染。除此之外，点缀、围边还应思量疏密得当，和与餐具的颜色的协调。

总之，用点缀、围边美化菜品时，要以衬映菜品的色形为主，力求调和自然，美雅得体。

七、盘饰点缀的具体方法

（一）点缀法

用少量的物料通过一定的加工，点在菜肴的某侧，形成对比与呼应，使菜肴重心突出，这类加工简洁、明快、易做。常见的用雕刻制品对菜肴的装饰多属于点缀手法。根椐是否对称分为对称点缀和不对称点缀。

对称点缀的特色在于对称、协调、稳重。如单侧对称，多用于腰盘盛装的菜肴，在菜肴两侧对称地点缀；中心对称点缀，多见于圆盘盛装的块状菜肴，将点缀物置于菜肴中间部位，如同花蕊，所以又称花蕊式点缀。如金黄色“凤尾对虾”尾朝外码于盘中，中间饰以鲜红番茄花。此外还有双对称、多对称和交叉对称点缀等。对称的点缀物应同样大小、同样色泽、同样形状，在制作过程中，切忌两处不同样造型。三侧点缀属于不对称点缀，适用于圆形盛器。菜品多是精细的丝、片、丁、条或花刀块，在烹法上，以炸、熘、爆、炒、煎为主，如“油爆乌花”盘边三侧辅以碧绿黄瓜切成的佛手花，上置一颗红樱桃，赏心悦目。另外还有简单而最常见的局部点缀，一般用蔬菜、水果或食雕花卉等，摆放在盘子的一边，来点缀美化菜肴，弥补盘边的局部空缺，有时还能创造一种意境、情趣，如“松鼠戏果”中盘边用一串葡萄作点缀物。

1.局部点缀

局部点缀指用各种蔬菜、水果加工成一定形状后，点缀在盘子一边或一角，以渲染气氛，烘托菜肴。这种点缀方法的特点是简洁、明快、易做。如用番茄和香菜叶在盘边做成月季花花边；用番茄、柠檬切成兰花片与芹菜拼成菊花形镶边等。

2.对称点缀

对称点缀指用装饰料在盘中做出相对称的点缀物。对称点缀适用于椭圆腰盘盛装菜肴时装饰，其特点是对称、协调，简单易掌握，一般在盘子两端做出同样大小、同样色泽的花形即可。如用黄瓜切成连刀边，隔片卷起，放在盘子两端，每两片缝中嵌入一颗红樱桃，做成对称花边等。

3.中心点缀

在盘子中心用装饰料拼成花卉或其他形状，对菜肴进行装饰，它能把散乱的菜肴通过在盘中有计划地堆放和盘中心拼花的装饰统一起来，使其变得美观。如用玉米笋、荷兰芹、胡萝卜、樱桃等原料在盘中心拼成花饰等。

4.全围点缀

用装饰料通过一定的方法加工成形，围在菜肴的四周，这种围边方法，较适于圆盘的装饰，围出的菜肴比用其他点缀更整齐、美观，但刀工要求也较严格。如用煮熟去壳的鹌鹑蛋沿中线用尖刀锯齿状刻开，围在盘子四周；用黄瓜、玉米笋、胡萝卜、樱桃、蛋皮丝等拼成宫灯图案花边等。

5.半围式点缀

运用点缀物进行不对称点缀围边，点缀物约占盘的1/3，主要是追求某种主题和意境来美化菜肴。

（二）围边法

也称“镶边”，行业中做菜肴装饰美化的统称。围边较之点缀复杂，也可以说是若干个点缀物的组合，因此具有一定的连续性。恰如其分的围边可使菜品的色、香、味、形、器有机地统一，产生诱人的魅力，刺激食者产生强烈美感及食欲。常见的方式有几何形围边和象形围边。

1.几何形围边

几何形围边是利用某些固有形态或经加工成为特定几何形状的物料，按一定顺序方向，有规律地排列，组合在一起，其形状一般是多次重复，或连续，或间隔，排列整齐，环形摆布，有一种曲线美和节奏美。如“乌龙戏珠”用鹌鹑蛋围在扒海参周围。还有一种半围花边也属于此类方法，半围法围边时，关键是掌握好被装饰的菜肴与装饰物之间的分量比例、形态比例、色彩比例等，其制作没有固定的模式，可根据需要进行组配。

2.象形围边

象形围边是以大自然物象为刻画对象，用简洁的艺术方法提炼出活泼的艺术形象，这种方式能把零碎散乱而没有秩序的菜肴统一起来，使其整体变得统一美观。常用于丁、丝、末等小型原料制作的菜肴。如“宫灯鱼米”用蛋皮丝、胡萝卜、黄瓜等几种原料制成宫灯外形，炒熟的鱼米盛放在其中。象形围边所用的物象有动物类，如孔雀、蝴蝶等；植物类，如树叶、寿桃等；器物类，如花篮、宫灯、扇子等。

▲ 椰香养颜木瓜

▲ 中餐烹调

要以衬映菜品的色形为主，力求调和自然，美雅得体。

项目4 ITEM FOUR 菜品图鉴

Chinese food Appreciate

▲ 中餐烹调

▲ 中餐烹调

▲ 酸菜鱼

▲ 中餐烹调

▲ 桃仁小炒皇

▲ 中餐烹调

▲ 中餐烹调

▲四喜丸子

▲鲜花椒鱼片

▲ 水中鲜

▲ 炭烤帝王蟹

▲ 牛排凤爪捞鲜鲍

▲ 老爆三

▲ 增城石滩烧腩仔

▲ 招牌肉松包

▲ 九转大肠

▲ 中餐烹调

▲ 招牌地道靓叉烧

▲ 中餐烹调

▲ 黑蒜牛肉粒

▲ 炭烧广西巴马猪

▲南瓜豆豉蒸土猪排骨

▲ 荷香糯米排骨

▲ 中餐烹调

▲ 中餐烹调

▲ 中餐烹调

▲ 富贵鲍鱼发财手

▲ 中餐烹调

▲ 海鲜一品煲

▲ 一品绍三鲜

▲ 中餐烹调

▲ 中餐烹调

▲ 中餐烹调

▲ 中餐烹调

▲ 中餐烹调

▲ 家乡糖不甩

▲ 剁椒银鳕鱼

▲ 中餐烹调

▲ 捞汁虾仁

▲ 中餐烹调

▲ 中餐烹调

▲ 中餐烹调

▲ 中餐烹调

▲ 中餐烹调

▲ 肚包鸡

▲ 中餐烹调

▲ 中餐烹调

▲ 中餐烹调

▲ 叠影豆腐

▲ 中餐烹调

▲禾花鱼

▲炒鸡

▲ 中餐烹调

▲ 中餐烹调

▲ 现点豆花

▲ 中餐烹调

▲ 中餐烹调

▲ 中餐烹调

▲桂花蒸兰州百合

▲ 爆汁流心南瓜球

▲ 中餐烹调

▲ 中餐烹调

▲冰糖炖官燕

▲ 中餐烹调

▲ 中餐烹调

▲ 中餐烹调

▲豉油皇碌土猪大肠头

▲ 中餐烹调

▲ 中餐烹调

▲仔排酱饭

▲ 中餐烹调

▲ 中餐烹调

▲ 中餐烹调

▲ 中餐烹调

▲ 红烧肉

▲ 中餐烹调

▲ 中餐烹调

▲ 中餐烹调

▲豉油皇焗罗氏虾

▲ 中餐烹调

▲ 中餐烹调

▲ 中餐烹调

▲ 中餐烹调

▲ 中餐烹调

▲ 中餐烹调

▲ 中餐烹调

▲ 中餐烹调

▲ 中餐烹调

▲ 中餐烹调

▲ 中餐烹调

▲ 中餐烹调

▲ 蒜蓉粉丝蒸小青龙

▲椒麻鸡

▲ 中餐烹调